TENOHIRA SIZE NO ROLLCAKE
© KUMIKO YANASE 2010
Originally published in Japan in 2010 by Nihonbungeisha
Korean translation rights arranged through TOHAN CORPORATION, TOKYO.,
and EntersKorea Co.,Ltd., SEOUL.

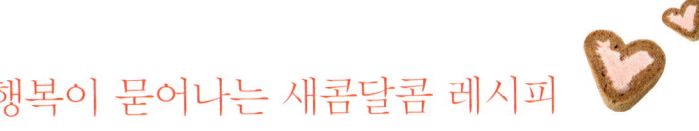

행복이 묻어나는 새콤달콤 레시피

손바닥 롤케이크

야나세 구미코 저　황세정 역

봄봄스쿨

introduction

앙증맞은 사이즈에 달콤함은 두 배,
손바닥 위의 미니 롤케이크를 만나보세요!

스펀지케이크에 크림과 각종 재료를 넣어 둥글게 만 롤케이크.
만드는 방법도 간단해서 한번 배워두면
다양한 케이크를 만들 수 있답니다.
이 책에서는 길이가 13cm 정도 되는,
손바닥만 한 크기의 롤케이크를 만들어볼 거예요.
둥글게 말기도 쉽고, 굽는 법도 간편해서
초보자도 문제없답니다.

작으니까 언제든 바로 구워요

스펀지케이크에 필요한 달걀은 오직 한 개! 거품을 내거나 케이크를 굽는 데 오랜 시간이 걸리지 않아요. 기본 스펀지케이크를 굽는 데 9분이면 충분하죠. 크림도 순식간에 만들 수 있어서 언제든지 먹고 싶을 때 부담 없이 케이크를 구울 수 있어요.

작으니까 두 개를 동시에 만들어요

손바닥 롤케이크는 작은 틀을 사용하기 때문에 동시에 두 장의 스펀지케이크를 구울 수 있어요. 똑같은 롤케이크를 두 개 만들어 선물하기 전에 미리 맛을 보거나 두 가지 크림을 사용하여 전혀 다른 두 개의 케이크를 만들 수도 있지요.

작으니까 돌돌 쉽게 말아요

롤케이크를 만들 때 가장 어려운 건 바로 케이크를 둥글고 예쁘게 마는 거예요. 케이크를 말다가 크림이 삐져나오거나 스펀지케이크가 찢어지기도 하거든요. 손바닥 사이즈의 미니 롤케이크는 두 손 안에 쏙 들어오는 크기니까 실패할 확률이 낮지요.

작으니까 선물이 더 예쁘대요

케이크가 작기 때문에 부담 없이 선물하기에 그만이에요. 레시피 중간중간 그리고 맨 뒷부분에 나오는 포장 팁을 참고해서 예쁘게 포장해 보세요. 귀엽고 깜찍해서 받는 분도 더욱 좋아한답니다.

작으니까 남아서 버릴 일이 없죠

일반 사이즈의 롤케이크는 기껏 힘들게 만들어놓고도 다 먹지 못하고 버리게 되는 경우도 있어요. 하지만 손바닥 사이즈의 롤케이크는 먹기 좋은 한 입 사이즈로 세 조각! 혼자라도 냉장고에 넣어뒀다가 남기지 않고 다 먹을 수 있어요.

작으니까 재료도 조금 들어요

초보자도 쉽게 만들 수 있는 레시피를 중심으로 소개하고 있지만, 만약에 실패한다고 하더라도 들어가는 재료가 적기 때문에 그만큼 부담도 적어요. 재료 부담 없이 마음 편하게 연습하고 많이 만들어 보세요.

롤케이크를 만드는 재료들

이 책에는 크림을 넣어 돌돌 말기만 한 심플한 롤케이크부터 화려한 데커레이션 롤케이크까지 다양한 롤케이크가 등장합니다. 먼저 이 책에서 사용하는 기본적인 재료들을 알아볼까요?

달걀

스펀지케이크를 만들 때 사용할 거예요. 커스터드크림을 만들 때는 노른자만 사용해요. 신선한 달걀은 거품을 내기 힘든 반면 완성한 거품이 안정적으로 유지된다는 장점이 있답니다. 폭신폭신한 스펀지케이크를 만들고 싶다면 최대한 신선한 달걀을 사용하세요.

가루

스펀지케이크에는 주로 박력분을 사용하지요. 풀어둔 달걀과 섞을 때는 반드시 체에 내려 넣어야 해요. 쌀가루는 입자가 고와서 체를 사용하지 않아도 된답니다. 옥수수전분은 비스퀴 방식(별립법)으로 케이크를 구울 때 박력분과 함께 사용하면 좋아요.

리큐어

리큐어는 시럽에 풍미를 더해주는 재료예요. 향이 풍부한 럼주나 그랑 마르니에 등을 넣으면 케이크가 한층 맛있어지지요. 레시피에 적힌 것이 없을 때는 취향에 맞는 리큐어를 사용하거나 생략해도 괜찮아요.

기타

코코아파우더는 케이크에 넣거나 데커레이션에도 사용할 수 있어 매우 유용해요. 초콜릿도 크림이나 데커레이션 재료로 활용할 거예요. 시나몬 등 각종 향신료를 스펀지케이크에 넣은 레시피도 소개되어 있어요.

설탕·감미료

스펀지케이크에는 주로 백설탕을 사용해요. 백설탕은 달걀과 잘 섞이고 케이크를 촉촉하게 하지요. 레시피에 따라 향이 풍부한 흑설탕이나 메이플 슈거, 와산본 등을 사용하는 경우도 있어요. 크림이나 시럽에는 깔끔한 맛을 내는 그래뉴당을 사용하고, 크림에 벌꿀이나 흑설탕 등을 넣을 때도 있어요.

유제품

스펀지케이크를 만들 때는 식염이 첨가되지 않은 무염버터를 사용해요. 무염버터는 버터크림의 재료로도 사용되고, 크림을 만들 때 사용하는 생크림은 동물성으로 유지방분이 35~47% 정도인 제품이 좋아요. 크림에는 치즈나 사워크림, 요구르트를 첨가하기도 하고, 우유는 커스터드크림이나 스펀지케이크 등을 만들 때 사용하지요.

롤케이크를 만들 때 사용하는 도구들

롤케이크를 만들 때 특별한 도구는 필요하지 않아요. 이 책에서는 기본적인 도구들만 있으면 충분하지요. 손바닥 사이즈의 롤케이크이기 때문에 볼도 가장 작은 사이즈면 충분하답니다.

틀 & 페이퍼

오븐페이퍼
실리콘페이퍼
사각 오븐팬

스펀지케이크를 구울 때 사용할 오븐팬은 폭 13cm, 길이 19.5cm, 깊이 3cm 정도면 되요. 이런 팬을 쓸 경우 완성된 롤케이크의 크기는 길이 13cm, 지름 약 5cm 정도예요. 팬이 없는 경우에는 종이로 만들 수도 있어요. 팬을 사용할 때는 오븐페이퍼를 꼭 깔아주세요. 쿠키 반죽을 이용해 스펀지케이크에 무늬를 넣을 때는 쉽게 떼어낼 수 있는 실리콘페이퍼를 사용하면 좋아요. ★ 종이 오븐팬 만들기는 P84 참조.

반죽 도구

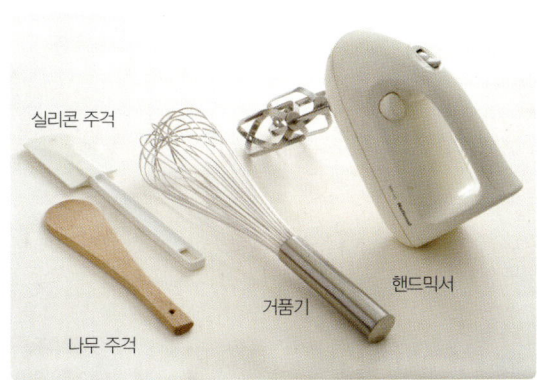

실리콘 주걱
나무 주걱
거품기
핸드믹서

스펀지케이크를 만들기 위해 달걀 거품을 낼 때는 거품기도 좋지만 핸드믹서를 사용하는 편이 시간도 단축되고 힘이 덜 들어요. 거품기는 생크림을 섞거나 휘핑할 때 사용하며 실리콘 주걱이나 나무 주걱은 재료를 섞거나 틀에 부을 때 반드시 필요해요.

계량 도구

계량컵
계량스푼
저울

케이크를 만들 때 실패하지 않는 가장 기본적인 방법은 바로 재료를 정확하게 계량하는 것이죠. 저울은 1g 단위까지 계량이 가능한 전자저울을 사용하는 것이 좋아요. 내열성이 좋은 계량컵은 전자레인지에도 사용할 수 있어요. 계량스푼의 용량은 1큰술이 15ml, 1작은술이 5ml예요.

믹싱볼

분량이 적기 때문에 반죽을 만들 때 지름 20cm 정도의 볼을 사용하면 충분해요. 크림을 만들 때는 이것보다 작은 볼이어도 충분하지요. 초콜릿 등을 중탕할 때는 좀 더 작은 볼이 편리하기 때문에 크기가 다른 볼을 3개 준비하는 것이 좋아요.

체

만능체
분당체

스펀지케이크가 뭉치지 않도록 가루로 된 재료는 체로 쳐서 넣어주세요. 반죽을 걸러야 하는 경우도 있어 체가 있으면 편리하지요. 케이크 표면에 코코아파우더나 슈거파우더 등을 뿌려 장식할 때는 망이 고운 분당체를 이용하면 깔끔해요.

기타

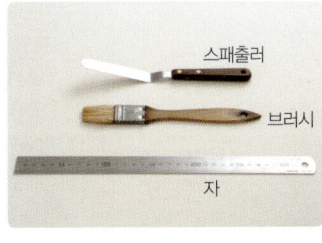

스패츌러
브러시
자

크림을 스펀지케이크에 균일하게 펴바르거나 케이크 표면에 바를 때는 스패츌러를 사용하는 것이 가장 좋아요. 브러시를 이용하면 케이크에 시럽을 골고루 바를 수 있어요. 자는 케이크를 롤 모양으로 만 다음 두께를 일정하게 고를 때 사용해요.

Contents

part-1

초보자도 쉽게 따라서 만드는 롤케이크

가장 간단한 레시피 12

part-2

여러 가지 스펀지케이크로 만드는 롤케이크

다양한 응용 레시피 14

이 책의 사용법

3가지 종류의 스펀지케이크를 사용해요

이 책에서는 롤케이크에 사용하는 스펀지케이크를 만드는 데 다음과 같은 3가지 반죽을 사용하고 있어요. 새로운 반죽 방법이 나올 때마다 만드는 법이 자세히 설명되어 있으므로 참고해서 맛있는 손바닥 롤케이크를 만들어보세요.

1. 공립법으로 만드는 스펀지케이크

볼에 달걀흰자와 노른자를 함께 넣고 거품을 내서 만드는 방법입니다. 폭신폭신하고 노릇노릇한 케이크 시트를 만들 수 있어요. 베이킹 초보자라면 조금 더 쉬운 공립법부터 도전해 보세요. 자세한 방법은 P11에 나와 있어요.

2. 별립법으로 만드는 스펀지케이크

달걀흰자로 만든 머랭을 사용하는 반죽법입니다. 반죽을 짤주머니에 넣어 틀에 짜서 구우면 바삭한 식감의 케이크 시트를 만들 수 있지요. 자세한 방법은 P47에 나와 있어요.

3. 수플레 반죽

가루를 우유에 넣어 푼 다음에 달걀노른자와 머랭을 섞어 중탕으로 익히는 반죽법이에요. 이렇게 하면 부드럽고 촉촉한 케이크 시트를 만들 수 있어요. 자세한 방법은 P55에 나와 있어요.

오븐 사용 시 알아두세요

이 책에 나와 있는 오븐의 온도와 굽는 시간은 가스오븐을 사용할 때를 기준으로 하고 있어요. 오븐의 종류와 기종에 따라 굽는 시간이 달라질 수 있으므로, 케이크의 상태에 따라 적절히 조절해서 사용하세요.

전자레인지 사용 시 알아두세요

이 책에 나와 있는 전자레인지의 가열시간은 500W의 전자레인지를 기준으로 하고 있어요. 사용하는 전자레인지가 600W짜리라면 이 책에 표시된 시간의 0.8배 정도가 일반적입니다. 가열시간은 기종이나 그릇의 두께·재질 등에 따라 차이가 날 수 있으므로 역시 상태에 따라 시간을 조절하세요.

part-1

초보자도 쉽게 따라서 만드는 롤케이크

가장 간단한
레시피 12

먼저 달걀노른자와 흰자를 함께 휘핑해서 만드는 공립법으로 기본 스펀지케이크를 만들어봅니다. 가장 간단하고 쉽게 만들 수 있는 롤케이크인 후르츠 롤케이크를 함께 만들면서 스펀지케이크 굽는 방법과 예쁘게 마는 방법을 연습해 보세요. 롤케이크에 처음 도전하는 초보자들도 어렵지 않게 따라 할 수 있어요. 기본 롤케이크만 잘 마스터하면, 스펀지케이크 반죽이나 속재료, 크림을 바꾸는 것만으로 다양한 종류의 롤케이크를 만들 수 있답니다.

후르츠 롤케이크

달걀노른자와 흰자를 분리하지 않고 함께 거품을 내는
공립법으로 만든 스펀지케이크를 사용합니다.
케이크와 잘 어울리는 화이트생크림과 과일을 넣은
대표적인 롤케이크인 후르츠 롤케이크를 만들어보세요.
롤케이크를 처음 만들어보는 사람을 위해,
스펀지케이크를 만드는 방법과 예쁘게 마는 법도 자세히 알아봅니다.

재료

스펀지 시트
(13cm × 19.5cm 오븐팬 1개 분량)

달걀(큰 것)	1개
백설탕	25g
박력분	20g
무염버터	5g
우유	1작은술

시럽(만들기 쉬운 분량)

물	50ml
그래뉴당	25g
럼주	2작은술

화이트생크림

생크림	50ml
그래뉴당	5g

기타

바나나	4~5cm
키위	1조각
오렌지	1조각

미리 준비하기

☐ 오븐페이퍼를 오븐팬보다 조금 크게(16cm × 23cm 정도) 자르고, 네 귀퉁이에 가위집을 넣어 팬에 깐다.

☐ 반죽에 들어갈 버터와 우유를 내열용기에 담아 전자레인지 (500W)에 약 30초간 돌려 버터를 녹인다.
☐ 오븐을 180℃로 예열한다.

시럽이 꼭 필요한 걸까?

물론 시럽을 바르지 않아도 롤 케이크를 만들 수 있지만, 시럽은 케이크의 맛과 향을 살리고 시트와 생크림이 잘 어우러지게 해주므로 사용하는 것이 좋아요. 케이크가 부드러울 때는 시럽을 약간만 바르고, 케이크가 딱딱할 때는 시럽을 듬뿍 발라 시트를 촉촉하게 해주면 롤을 말기가 쉬워져요. 시럽과 술의 비율은 보통 8:2 정도이지만 기호에 따라 적당히 조절하세요.

남은 시럽은 어떻게 할까?

케이크의 상태에 따라 필요한 시럽의 양이 달라지므로 조금 넉넉하게 만드는 게 좋아요. 사용하고 남은 시럽은 밀폐용기에 담아 냉장고에 보관하면 1주일 정도는 끄떡없어요. 검시럽 대신 사용하거나 과일 샐러드 등에 뿌려 먹으면 좋답니다.

11

만들기

공립법 스펀지 시트 만들기

1. 볼에 달걀과 백설탕을 넣고 폭신해질 때까지 핸드믹서로 거품을 낸다. 거품기로 반죽을 들어올렸을 때 리본처럼 흐르듯 쌓일 정도까지 휘핑한다(사진 맨 아래).

2. 박력분을 체에 내린 다음 실리콘 주걱으로 가루가 완전히 없어질 때까지 자르듯이 저어 섞는다.

3. 여기에 녹인 버터와 우유를 붓고 뭉치지 않도록 골고루 섞는다.

4. 반죽을 팬에 붓고 실리콘 주걱이나 스크레이퍼 등으로 표면을 평평하게 고른다.

5. 오븐에서 약 9분 동안 구운 다음 곧바로 팬에서 꺼내 식힘망에 올려 식힌다.

시럽 만들기

6. 물과 그래뉴당을 내열용기에 담아 전자레인지에 약 1분간 돌린다. 열기가 식으면 럼주를 넣는다.

화이트생크림 만들기

7. 스테인리스 볼에 생크림과 그래뉴당을 넣고 거품기로 7~80% 휘핑한다. (들어올렸을 때 뾰족한 뿔 모양이 휠 정도). 완성되면 사용 전까지 냉장 보관한다.

과일 썰기

8. 바나나, 키위는 껍질을 벗기고, 오렌지는 속껍질도 벗겨 5~6mm 크기로 자른다.

롤케이크 시트 준비하기

9. 스펀지케이크가 다 식으면 오븐페이퍼를 벗긴 뒤 가장자리를 조금씩 잘라낸다. 오븐팬에 닿아 있던 가장자리 부분은 다른 부분보다 딱딱해서 그대로 쓰면 롤케이크를 예쁘게 말기 힘들기 때문이다.

10. 케이크 시트 표면이 울퉁불퉁할 때에는 그 부분만 살짝 벗겨내 평평하게 고른다.

시트의 갈색 부분은 어떻게 할까?

9의 스펀지케이크를 그대로 말면, 크림과 케이크 사이에 갈색 선이 생겨요(사진 위). 그래서 제과점에서는 롤케이크를 만들 때 갈색 선이 보이지 않도록 갈색으로 구워진 부분을 얇게 벗겨내지요(사진 아래). 이 책에서도 기본적으로 갈색 부분은 벗겨내지만, 반드시 그렇게 할 필요는 없으며 각자 취향에 따라 생략해도 됩니다.

갈색 부분 벗겨 내기

칼을 눕혀서 갈색 부분을 얇게 살살 벗겨냅니다.

시럽 바르기

11. 오븐페이퍼를 케이크 시트보다 크게 잘라서 깐 다음 케이크 시트의 구워진 면이 위로 오도록 해서 올린다. 시트 표면에 2작은술 분량의 시럽을 골고루 바른다. 케이크가 딱딱하게 구워졌을 때는 시럽의 양을 좀 더 넉넉하게 바른다.

크림 바르기

12. 화이트생크림을 케이크에 얹어 스패출러로 골고루 펴바른다.

과일 올리기

13. 케이크 시트의 앞쪽에 키위, 오렌지, 바나나를 한 줄씩 올린다.

롤 말기

14. 과일을 올린 케이크 시트의 앞쪽을 들어올려 과일이 흐트러지지 않게 조심스럽게 만 다음. 그대로 끝까지 돌돌 만다.

15. 시트의 말린 이음매가 바닥으로 가게 놓은 뒤 오븐페이퍼로 감싼다. 말린 부분에 자를 대고, 바닥의 종이를 누른 채 자를 몸쪽으로 끌어당겨 롤을 단단하고 균일하게 다듬는다.

16. 그대로 오븐페이퍼를 끝까지 돌돌 말고 양 옆의 남은 종이를 사탕 껍질처럼 꼰다. 이음매 부분이 바닥으로 가게 하여 약 30분~1시간 정도 냉장고에 넣어 크림을 굳힌다.

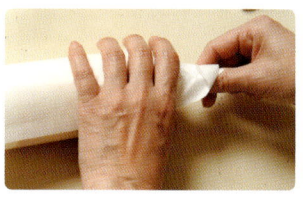

케이크 자르기

17. 오븐페이퍼를 벗기고 도마 위에 케이크를 올린다. 칼은 뜨거운 물에 담가 따뜻하게 한 다음 행주로 물기를 제거한다. 케이크를 한 번 자를 때마다 칼에 묻은 크림을 닦고 다시 뜨거운 물에 담가 데워서 사용한다. 칼을 아래로 누르듯이 힘을 주어 자르면 단면이 깨끗하게 잘리지 않으므로, 칼을 앞뒤로 살살 톱질하듯 자른다.

선물할 때는…

롤케이크는 마지막에 자를 이용해서 단단하게 말아주기 때문에 양 끝에 크림이나 다른 속재료가 튀어나오기 쉬워요. 그러므로 선물할 때는 양 끝을 조금 잘라주는 게 보기 좋아요. 깔끔하게 완성한 롤케이크를 선물하면 받는 사람도 더욱 좋아할 거예요.

스트로베리 요구르트 롤

크림에 요구르트를 섞으면 그냥 생크림보다 산뜻한 맛이 나요.
상큼한 요구르트와 달콤한 딸기가 어우러진
깔끔한 맛의 스트로베리 요구르트 롤케이크는
농후한 맛의 케이크를 싫어하는 사람들도 좋아한답니다.

재료

스펀지 시트
(13cm×19.5cm 오븐팬 1개 분량)
달걀(큰 것) ················1개
백설탕 ················· 25g
박력분 ················· 20g
무염버터 ················ 5g
우유 ·················1작은술
시럽(만들기 쉬운 분량)
물 ·················· 50ml
그래뉴당 ··············· 25g
그랑 마르니에 ···········2작은술
요구르트크림
생크림 ················ 40ml
그래뉴당 ················ 5g
플레인 요구르트 ··········· 10g
기타
딸기 ··················2개
슈거파우더 ············ 적당량

· 장식에 사용한 딸기와 민트는 별도

미리 준비하기

☐ 오븐팬에 오븐페이퍼를 깐다.
☐ 반죽에 들어갈 버터와 우유를
　 내열용기에 담아
　 전자레인지(500W)에 약 30초간
　 돌려 버터를 녹인다.
☐ 오븐을 180℃로 예열한다.

만들기

1. 공립법으로 케이크 시트를 만든다. 볼에 달걀과 백설탕을 넣고 단단하게 거품을 낸다. 박력분을 체에 내려 섞은 다음 녹인 버터와 우유를 부어서 다시 골고루 섞는다. 반죽을 오븐팬에 부어 굽고, 다 구워지면 곧바로 틀에서 꺼내어 식힌다(P12 참조).

2. 시럽을 만든다. 물, 그래뉴당을 내열용기에 담아 전자레인지에 약 1분간 돌린다. 열기가 식으면 그랑 마르니에를 넣는다.

3. 딸기는 5~6mm 크기로 자른다.

4. 요구르트크림을 만든다. 볼에 생크림과 그래뉴당을 넣어 80% 휘핑(뿔이 살짝 휠 정도)한 다음 요구르트를 부어 잘 섞는다.

5. 케이크 시트는 종이를 벗기고 가장자리를 잘라낸 다음 울퉁불퉁한 부분을 다듬어 시트의 두께를 고르게 한다. 시트에 시럽을 발라 촉촉하게 한 다음 요구르트크림을 얹는다. 케이크 시트 앞쪽에 딸기를 한 줄로 가지런히 놓고 둥글게 만다. 냉장고에 30분~1시간 정도 넣어두었다가, 먹기 전에 슈거파우더를 분당체로 솔솔 뿌려 준비한다(P13 [9]~ P14).

예쁘게 포장해요!

크고 새하얀 나비 리본 포장하기

투명 셀로판지를 약 40cm 크기의 정사각형으로 잘라요. 한쪽에 롤케이크를 올리고 둥글게 한 번 말아주세요. 그런 다음 리본을 롤케이크 앞쪽에 가로로 올려놓고 그대로 끝까지 돌돌 말아요. 양옆에 남은 셀로판지와 리본을 함께 접어올려 나비 모양으로 큼직하게 묶으면 된답니다. 모양이 흐트러지지 않도록 투명 테이프를 붙여 고정시켜 마무리하세요. 화이트 리본을 사용하면 귀여우면서도 고급스러운 분위기를 낼 수 있어요.

그레이프후르츠 롤

신맛이 강한 자몽에는 커스터드크림에
생크림을 섞은 디플로매트크림이 잘 어울려요.
커스터드크림은 조금만 사용하기 때문에
전자레인지를 이용하면 간편하게 만들 수 있어요.

재료

스펀지 시트
(13cm×19.5cm 오븐팬 1개 분량)

달걀(큰 것)	1개
백설탕	25g
박력분	20g
무염버터	5g
우유	1작은술

시럽(만들기 쉬운 분량)

물	50ml
그래뉴당	25g
럼주	2작은술

커스터드크림

백설탕	10g
박력분	6g
우유	60ml
달걀노른자	1개분
무염버터	5g
바닐라 에센스	약간

디플로마트크림

커스터드크림	분량
생크림	25ml

기타

자몽	각 1조각
(홍자몽 · 백자몽)	

· 장식에 사용한 민트는 별도.

미리 준비하기

☐ 오븐팬에 오븐페이퍼를 깐다.
☐ 반죽에 들어갈 버터와 우유를 내열용기에 담아 전자레인지(500W)에 약 30초간 돌려 버터를 녹인다.
☐ 오븐을 180℃로 예열한다.

만들기

1. 공립법으로 케이크 시트를 만든다. 볼에 달걀과 백설탕을 넣고 단단하게 거품을 낸다. 박력분을 체에 내려 섞은 다음 녹인 버터와 우유를 부어서 다시 골고루 섞는다. 반죽을 오븐팬에 부어 굽고, 다 구워지면 곧바로 틀에서 꺼내어 식힌다(P12 참조)

2. 시럽을 만든다. 물, 그래뉴당을 내열용기에 담아 전자레인지에 약 1분간 돌린다. 열기가 식으면 럼주를 넣는다.

3. 커스터드크림을 만든다. 내열 유리 볼에 백설탕과 박력분을 넣어 가볍게 섞은 다음 뭉치지 않도록 우유를 조금씩 부으면서 섞는다. 여기에 다시 달걀노른자를 넣고 골고루 섞는다.

4. 재료가 모두 섞이면 랩을 씌우지 말고 전자레인지에 1분 동안 돌린 다음 거품기로 골고루 섞는다. 여기에 버터와 바닐라 에센스를 붓고 남은 열을 이용해 다시 골고루 섞는다. 유리 볼이 아직 뜨거우므로, 크림을 스테인리스 볼에 옮겨 담고 랩을 씌워 식힌다. 어느 정도 식으면 냉장고로 옮겨 차게 둔다.

5. 디플로마트크림을 만든다. 먼저 생크림을 볼에 담고 거품기로 90%(뿔이 설 정도)까지 휘핑한다. 다른 볼에 커스터드크림을 담고 거품기로 골고루 저어 부드러운 크림 상태로 만든 다음 휘핑한 생크림을 넣어 얼룩이 없어질 때까지 골고루 섞는다.

6. 자몽은 속껍질을 벗겨 적당한 크기로 썬다.

7. 케이크 시트의 종이를 벗기고 가장자리를 잘라낸 다음 울퉁불퉁한 부분을 다듬어 시트의 두께를 고르게 한다. 완성된 케이크 시트에 시럽을 바르고 그 위에 디플로마트크림을 골고루 바른다. 시트 앞쪽에 자몽을 한 줄로 가지런히 올려 둥글게 만든다. 냉장고에 30분~1시간 정도 넣어둔다 (P13 [9]~P14 참조).

코코아 & 더블크림 롤

밤색 코코아 케이크 안에 노란색 커스터드크림과
하얀 생크림이 듬뿍 들어 있는 롤케이크입니다.
세 가지 색이 더욱 조화를 이루도록 케이크 위에
새하얀 슈거파우더를 뿌려 장식했답니다.
케이크 위에 길쭉한 종이를 올려놓고 슈거파우더를 뿌리면
심플한 스트라이프 롤케이크가 완성됩니다.

재료

코코아 스펀지 시트
(13cm×19.5cm 오븐팬 1개 분량)
달걀(큰 것) ······ 1개
백설탕 ······ 25g
박력분 ······ 20g
코코아파우더 ······ 3g
무염버터 ······ 5g
우유 ······ 1작은술

시럽(만들기 쉬운 분량)
물 ······ 50ml
그래뉴당 ······ 25g
브랜디 ······ 2작은술

커스터드크림
백설탕 ······ 10g
박력분 ······ 6g
우유 ······ 60ml
달걀노른자 ······ 1개분
무염버터 ······ 5g
바닐라 에센스 ······ 약간

화이트생크림
생크림 ······ 25ml
그래뉴당 ······ 2g

기타
슈거파우더 ······ 적당량

미리 준비하기

□ 오븐팬에 오븐페이퍼를 깐다.
□ 반죽에 들어갈 버터와 우유를 내열용기에 담아 전자레인지(500W)에 약 30초간 돌려 버터를 녹인다.
□ 오븐을 180℃로 예열한다.

만들기

1. 먼저 공립법으로 케이크 시트를 만든다. 볼에 달걀과 백설탕을 넣고 단단하게 거품을 낸 다음, 박력분과 코코아파우더를 섞어 체에 내려 넣는다. 여기에 녹인 버터와 우유를 부어서 다시 골고루 섞는다. 반죽을 오븐팬에 부어 굽고, 다 구워지면 곧바로 틀에서 꺼내어 식힌다(P12 참조).

2. 시럽을 만든다. 물, 그래뉴당을 내열용기에 담아 전자레인지에 약 1분간 돌린다. 열기가 식으면 브랜디를 넣는다.

3. 커스터드크림을 만든다. 내열 유리 볼에 백설탕과 박력분을 넣어 가볍게 저은 다음 덩어리가 생기지 않도록 우유를 조금씩 부으면서 섞는다. 여기에 달걀노른자를 넣고 골고루 배이도록 섞으면 완성.

4. 랩을 씌우지 않은 상태로 전자레인지에 1분 동안 돌린 다음 거품기로 골고루 섞는다. 다시 전자레인지에 1분 동안 돌려 버터와 바닐라 에센스를 넣고 남은 열을 이용해 골고루 섞는다. 크림을 스테인리스 볼에 옮겨 담고 랩을 씌워 식힌다. 어느 정도 식으면 냉장고에 넣어 차갑게 둔다(P19 [4] 참조).

5. 화이트생크림을 만든다. 볼에 생크림과 그래뉴당을 넣고 거품기로 저어 뿔이 살짝 휠 정도로 80% 휘핑한다.

6. 케이크 시트의 종이를 벗기고 가장자리를 잘라낸 다음 울퉁불퉁한 부분을 다듬어 시트의 두께를 고르게 한다. 완성된 케이크 시트 전체에 시럽을 바르고 그 위에 커스터드크림을 덧바른다. 스패출러를 이용해 시트 앞쪽에 생크림을 길고 두툼하게 올린 다음 둥글게 만다. 다 말면 냉장고에 30분~1시간 정도 넣어둔다(P13 [9]~P14 참조).

7. 먹기 전에 롤케이크 위에 3cm 정도의 폭으로 자른 종이를 올려놓고 분당체를 이용해 슈거파우더를 솔솔 뿌린다.

블랙 & 화이트 초코롤

부드럽고 달콤한 화이트초콜릿크림을
달콤 쌉싸름한 코코아 케이크로 돌돌 말았어요.
다이어트 식품으로도 인기가 있는 블랙코코아를 사용했더니
일반 코코아보다 색이 진한 초콜릿 시트와
화이트 초콜릿 크림이 예쁘게 대비를 이루네요.

재료

코코아 스펀지 시트
(13cm×19.5cm 오븐팬 1개 분량)
달걀(큰 것) ······························1개
백설탕 ································· 25g
박력분 ································· 20g
코코아파우더 ··························· 3g
무염버터 ······························· 5g
우유 ·································1작은술
시럽(만들기 쉬운 분량)
물 ··································50ml
그래뉴당 ······························ 25g
쿠앵트로 ····························2작은술
화이트초콜릿크림
화이트초콜릿 ·························· 10g
생크림 ································50ml
기타
코코아파우더 ························적당량

미리 준비하기

☐ 오븐팬에 오븐페이퍼를 깐다.
☐ 반죽에 들어갈 버터와 우유를
　 내열용기에 담아
　 전자레인지(500W)에 약 30초간
　 돌려 버터를 녹인다.
☐ 오븐을 180℃로 예열한다.

만들기

1. 공립법으로 케이크 시트를 만든다. 볼에 달걀과 백설탕을 넣고 단단하게 거품을 낸다. 박력분과 코코아파우더를 섞어 체에 내린 다음 녹인 버터와 우유를 부어 다시 골고루 섞는다. 반죽을 오븐팬에 부어 굽고, 다 구워지면 곧바로 틀에서 꺼내어 식힌다(P12 참조).

2. 시럽을 만든다. 물, 그래뉴당을 내열용기에 담아 전자레인지에 약 1분간 돌린다. 열기가 식으면 쿠앵트로를 넣는다.

3. 화이트초콜릿크림을 만든다. 화이트초콜릿을 잘게 다져 스테인리스 볼에 담은 후 50℃에서 중탕해 녹인다.

4. 초콜릿이 완전히 녹으면 스테인리스 볼을 꺼낸 다음 생크림을 조금씩 붓는다. 덩어리가 생기지 않도록 거품기로 저어가며 준비한 분량을 모두 넣는다. 거품기로 뿔이 살짝 휠 정도까지 7~80% 휘핑한다.

5. 케이크 시트의 종이를 벗기고 가장자리를 잘라낸 다음 울퉁불퉁한 부분을 다듬어 시트의 두께를 고르게 한다. 시트가 완성되면 시럽을 발라 촉촉하게 만들고 그 위에 화이트초콜릿크림을 덧발라 둥글게 만다. 냉장고에 30분~1시간 정도 넣어두었다가 먹기 전에 코코아파우더를 분당체로 솔솔 뿌려 준비한다(P13 [9]~P14 참조).

녹차 & 유자 롤

향긋한 유자는 생크림과 아주 잘 어울리는 재료입니다.
하지만 유자에 그대로 생크림을 섞어 크림을 만들면,
유자가 가진 본연의 맛을 놓치기 쉽지요.
그래서 롤케이크의 중심에 유자 마멀레이드를 조금 넣어
유자의 은은한 향을 살렸습니다.

재료

녹차 스펀지 시트
(13cm×19.5cm 오븐팬 1개 분량)
달걀(큰 것) ··············· 1개
백설탕 ····················· 25g
박력분 ····················· 20g
녹차가루 ··················· 3g
무염버터 ··················· 5g
우유 ···················· 1작은술
시럽(만들기 쉬운 분량)
물 ························· 50ml
그래뉴당 ··················· 25g
쿠앵트로 ··············· 2작은술
화이트생크림
생크림 ····················· 50ml
그래뉴당 ··················· 5g
기타
유자 마멀레이드 ········· 2작은술

미리 준비하기

☐ 오븐팬에 오븐페이퍼를 깐다.
☐ 반죽에 들어갈 버터와 우유를
   내열용기에 담아
   전자레인지(500W)에 약 30초간
   돌려 버터를 녹인다.
☐ 오븐을 180℃로 예열한다.

만들기

1. 공립법으로 케이크 시트를 만든다. 볼에 달걀과 백설탕을 넣고 단단하게 거품을 낸다. 박력분과 가루녹차를 섞어 체에 내린 다음 녹인 버터와 우유를 부어 다시 골고루 섞는다. 반죽을 오븐팬에 부어 굽고, 다 구워지면 곧바로 틀에서 꺼내어 식힌다(P12 참조).

2. 시럽을 만든다. 물, 그래뉴당을 내열용기에 담아 전자레인지에 약 1분간 돌린다. 열기가 식으면 쿠앵트로를 넣는다.

3. 화이트생크림을 만든다. 볼에 생크림과 그래뉴당을 넣고 거품기로 저어 뿔이 살짝 휠 정도까지 80% 휘핑한다.

4. 케이크 시트의 종이를 벗기고 가장자리를 잘라낸 다음 울퉁불퉁한 부분을 다듬어 시트의 두께를 고르게 한다. 케이크 시트에 시럽을 바르고 그 위에 화이트생크림을 덧바른다. 시트 앞쪽에 유자 마멀레이드를 한 줄로 올려 둥글게 만다. 냉장고에 30분~1시간 정도 넣어둔다(P13 [9]~P14 참조).

예쁘게 포장해요!

대나무를 연상시키는 센스 있는 커팅

롤케이크의 커팅법을 달리하면 색다른 느낌을 줄 수 있어요. 어린 대나무 같은 초록색 롤케이크를 비스듬히 자르면 대나무 단면처럼 보여 독특해져요. 투명 셀로판지로 롤케이크의 둘레와 절단면을 모두 감싼 뒤 연한 갈색 포장지를 두르면 되지요. 은색 끈으로 매듭을 묶으면 좀 더 세련된 느낌을 줄 수 있답니다.

바나나 마블 롤

마블 롤은 만들기 어려워 보이지만,
의외로 간단하답니다.
반죽을 덜어 코코아파우더를
섞어주기만 하면 돼요.
과연 어떤 무늬가 나올지
케이크가 구워지는 동안
즐거운 마음으로 기다려보세요.

재료

마블 스펀지 시트
(13cm × 19.5cm 오븐팬 1개 분량)

달걀(큰 것)	1개
백설탕	25g
박력분	20g
무염버터	5g
우유	1작은술
코코아파우더	$\frac{1}{3}$ 작은술

시럽(만들기 쉬운 분량)

물	50ml
그래뉴당	25g
럼주	2작은술

화이트생크림

생크림	50ml
그래뉴당	5g

기타

바나나	2~3cm

미리 준비하기

☐ 오븐팬에 오븐페이퍼를 깐다.
☐ 반죽에 들어갈 버터와 우유를
　 내열용기에 담아
　 전자레인지(500W)에 약 30초간
　 돌려 버터를 녹인다.
☐ 오븐을 180℃로 예열한다.

만들기

1. 공립법으로 케이크 시트를 만든다. 볼에 달걀과 백설탕을 넣고 단단하게 거품을 낸다. 박력분을 체에 내린 다음 여기에 녹인 버터와 우유를 부어서 다시 골고루 섞는다(P12 참조).

2. 반죽의 3분의 1을 다른 볼에 덜어내어, 체 친 코코아파우더를 넣고 실리콘 주걱으로 섞어 코코아 반죽을 만든다.

3. 오븐팬에 먼저 코코아 반죽을 아무렇게나 뿌리고 나서 그 위에 코코아를 섞지 않은 반죽을 붓는다. 그런 다음 꼬치로 반죽을 휘저어 마블링을 만들고 실리콘 주걱으로 표면을 고르게 다듬는다. 반죽을 오븐팬에 부어 굽고, 다 구워지면 곧바로 틀에서 꺼내어 식힌다.

4. 시럽을 만든다. 물, 그래뉴당을 내열용기에 담아 전자레인지에 약 1분간 돌린다. 열기가 식으면 럼주를 넣는다.

5. 화이트생크림을 만든다. 볼에 생크림과 그래뉴당을 넣고 거품기로 뿔이 살짝 휠 때까지 7~80% 휘핑한다.

6. 케이크 시트의 종이를 벗기고 가장자리를 잘라낸 다음 울퉁불퉁한 부분을 다듬어 시트의 두께를 고르게 한다. 시럽을 바르고 그 위에 화이트생크림을 바른다. 시트 앞쪽에 5~6mm 크기로 자른 바나나를 올리고 둥글게 만다. 냉장고에 30분~1시간 정도 넣어둔다(P13 [9]~P14 참조).

라즈베리 마블 롤

보기에도 깜찍한 마블 롤케이크입니다.
라즈베리를 넣은 새콤달콤한 핑크빛 크림이,
아름다운 빛깔만큼이나 중독성이 강한 롤케이크죠.

재료

마블 스펀지 시트
(13cm×19.5cm 오븐팬 1개 분량)

달걀(큰 것)	1개
백설탕	25g
박력분	20g
무염버터	5g
우유	1작은술
식용색소(적색)	귀이개 $\frac{1}{8}$ 정도

시럽(만들기 쉬운 분량)

물	50ml
그래뉴당	25g
베리 리큐르	2작은술

라즈베리크림

라즈베리	약 40g
슈거파우더	6g
생크림	50ml

기타

라즈베리	5알

미리 준비하기

☐ 오븐팬에 오븐페이퍼를 깐다.
☐ 반죽에 들어갈 버터와 우유를
   내열용기에 담아
   전자레인지(500W)에 약 30초간
   돌려 버터를 녹인다.
☐ 오븐을 180℃로 예열한다.

만들기

1. 공립법으로 케이크 시트를 만든다. 볼에 달걀과 백설탕을 넣고 단단하게 거품을 낸다. 박력분을 체에 내린 다음 여기에 녹인 버터와 우유를 부어서 다시 골고루 섞는다(P12 참조).

2. 식용색소 가루에 최소한(분량 외)의 물을 넣어 녹인다. 1의 반죽 가운데 약 5분의 1을 다른 볼에 옮겨담는다. 꼬치로 식용색소를 살짝 찍어 반죽에 넣어가며 원하는 색이 나올 때까지 섞는다.

3. 오븐팬에 2의 반죽을 아무렇게나 뿌리고 나서 그 위에 색소를 넣지 않은 반죽을 붓는다. 그런 다음 꼬치로 반죽을 휘저어 마블링을 만들고 실리콘 주걱으로 표면을 고르게 다듬는다. 반죽을 오븐팬에 부어 굽고, 다 구워지면 곧바로 틀에서 꺼내어 식힌다.

4. 시럽을 만든다. 물, 그래뉴당을 내열용기에 담아 전자레인지에 약 1분간 돌린다. 열기가 식으면 럼주를 넣는다.

5. 라즈베리크림을 만든다. 라즈베리를 으깨어 가는 체에 내리고 씨앗을 제거해 퓌레 상태로 만든다. 퓌레 25g을 볼에 넣고 슈거파우더를 뿌려 골고루 섞는다. 여기에 생크림을 붓고 거품기로 뿔이 휠 때까지 7~80% 휘핑한다.

6. 케이크 시트의 종이를 벗기고 가장자리를 잘라낸 다음 울퉁불퉁한 부분을 다듬어 시트의 표면을 고르게 한다. 시럽을 바르고 그 위에 라즈베리크림을 발라 둥글게 만다. 냉장고에 30분~1시간 정도 넣어두었다가, 먹기 전에 라즈베리를 올려 장식한다(P13 [9]~P14 참조).

초코칩 에스프레소 롤

케이크와 크림 속에 검은 점들이 깨알같이 박혀 있는
독특한 케이크입니다. 부드러운 케이크 속에서 오독오독 씹히는
달콤한 초콜릿 칩이 포인트죠. 크림에는 초콜릿과도 잘 어울리는
에스프레소 가루를 넣어 풍미를 더했습니다.

재료

초콜릿 칩 시트
(13cm×19.5cm 오븐팬 1개 분량)

달걀(큰 것) ······························· 1개
백설탕 ································· 25g
박력분 ································· 20g
스위트 초콜릿 ························· 5g
무염버터 ······························ 5g
우유 ······························· 1작은술

시럽(만들기 쉬운 분량)
물 ································· 50ml
그래뉴당 ······························ 25g
커피 리큐르 ·························· 2작은술

에스프레소크림
생크림 ······························ 50ml
그래뉴당 ······························· 5g
에스프레소 커피 가루 ······· $\frac{1}{2}$ 작은술

미리 준비하기

☐ 오븐팬에 오븐페이퍼를 깐다.
☐ 반죽에 들어갈 버터와 우유를
   내열용기에 담아
   전자레인지(500W)에 약 30초간
   돌려 버터를 녹인다.
☐ 오븐을 180℃로 예열한다.

만들기

1. 공립법으로 케이크 시트를 만든다. 스위트 초콜릿은 가루가 될 때까지 잘게 다진다. 볼에 달걀과 백설탕을 넣고 단단하게 거품을 낸 후 체에 친 박력분을 넣는다. 미리 다져놓은 초콜릿 가루를 넣고 녹인 버터와 우유를 부어서 덩어리가 생기지 않도록 골고루 섞어준다. 반죽을 오븐팬에 부어 굽고, 다 구워지면 곧바로 틀에서 꺼내어 식힌다(P12 참조).

2. 시럽을 만든다. 물, 그래뉴당을 내열용기에 담아 전자레인지에 약 1분간 돌린다. 열기가 식으면 리큐르를 넣는다.

3. 에스프레소크림을 만든다. 볼에 생크림과 그래뉴당을 넣고 거품기로 뿔이 휠 정도까지 7~80% 휘핑한다. 그런 다음 에스프레소 커피 가루를 넣어 골고루 섞는다.

4. 케이크 시트의 종이를 벗기고 가장자리를 잘라낸 다음 울퉁불퉁한 부분을 다듬어 시트의 표면을 고르게 한다. 시럽을 바르고 그 위에 에스프레소 생크림을 덧발라 둥글게 만든다. 냉장고에 30분~1시간 넣어둔다(P13 [9]~P14 참조).

팥 앙금과 찹쌀떡을 넣은 검은깨 롤

팥 앙금과 찹쌀떡을 넣은 일본풍 롤케이크입니다.
케이크에 알알이 박힌 검은깨가 고소한 향기를 더해줍니다.
검은깨는 너무 곱게 빻으면 향이 달아나버리니 주의하세요.
케이크를 얇게 썰어 그릇 위에 보기 좋게 담으면
일본 전통 화과자 같은 분위기를 낼 수 있답니다.

재료

검은깨 스펀지 시트
(13cm×19.5cm 오븐팬 1개 분량)

달걀(큰 것)	1개
백설탕	25g
박력분	20g
검은깨	1작은술
무염버터	5g
우유	1작은술

시럽(만들기 쉬운 분량)

물	50ml
그래뉴당	25g

찹쌀떡

찹쌀가루	20g
물	3큰술
물엿	1작은술

기타

팥 앙금(시판 제품)	100g

미리 준비하기

☐ 오븐팬에 오븐페이퍼를 깐다.
☐ 반죽에 들어갈 버터와 우유를 내열용기에 담아 전자레인지(500W)에 약 30초간 돌려 버터를 녹인다.
☐ 오븐을 180℃로 예열한다.

만들기

1. 공립법으로 케이크 시트를 만든다. 검은깨는 향이 달아나지 않도록 적당히 빻는다. 볼에 달걀과 백설탕을 넣고 단단하게 거품을 낸다. 여기에 체 친 박력분을 넣고 검은깨를 넣은 다음 녹인 버터와 우유를 부어서 다시 골고루 섞는다. 반죽을 오븐팬에 부어 굽고, 다 구워지면 곧바로 틀에서 꺼내어 식힌다(P12 참조).

2. 시럽을 만든다. 물, 그래뉴당을 내열용기에 담아 전자레인지에 약 1분간 돌린 후 꺼내어 식힌다.

3. 찹쌀떡을 만든다. 내열유리 볼에 찹쌀가루를 넣고 물을 조금씩 넣어가며 뭉치지 않도록 골고루 반죽한다. 처음에는 손으로 주무르다가 반죽이 어느 정도 부드러워지면 실리콘 주걱을 이용해 골고루 섞어준다. 분량의 물을 모두 넣은 다음 물엿을 첨가해 골고루 섞는다.

4. 반죽을 랩으로 싸서 약 5~6분간 그대로 두고 휴지시킨다. 그런 다음 전자레인지에 30초간 돌린 뒤 물기를 묻힌 실리콘 주걱으로 잘 섞어 반죽을 풀처럼 만든다.

5. 랩을 씌워 전자레인지에 20초 정도 돌린 다음, 떡처럼 투명하고 차지게 될 때까지 반죽한다. 반죽이 굳지 않도록 랩을 씌워둔다(오래 놔두면 반죽이 굳어버리므로 10~15분 이내에 사용한다).

6. 케이크 시트의 종이를 벗기고 가장자리를 잘라낸 다음 울퉁불퉁한 부분을 다듬어 시트의 표면을 고르게 한다. 시럽을 바르고 시트 전체에 팥 앙금을 넓게 펴바른 뒤 앞쪽에 찹쌀떡을 길쭉하게 올리고 둥글게 만다. 냉장고에 30분~1시간 정도 넣어둔다(P13 [9]~P14 참조).

팥 앙금을 사용할 때

시중에서 판매되고 있는 팥 앙금은 제품마다 굳기가 달라요. 팥 앙금이 너무 단단해서 펴바르기 힘들 때는 시럽을 살짝 섞으면 부드러워집니다.

허니레몬 롤

케이크 시트에 레몬 껍질을 갈아 넣어 은은한 향을 즐길 수
있는 롤케이크입니다. 크림치즈를 넣은 크림에는
레몬즙과 벌꿀을 더했답니다.
입안 가득 퍼지는 레몬의 상큼함과
크림의 달콤함을 맛보세요.

재료

레몬 스펀지 시트
(13cm×19.5cm 오븐팬 1개 분량)

달걀(큰 것) ··············1개
백설탕 ··················25g
레몬 껍질 간 것 ········· $\frac{1}{2}$ 개분
박력분 ··················20g
무염버터 ·················5g
우유 ·················1작은술

시럽(만들기 쉬운 분량)
물 ····················50ml
그래뉴당 ················25g
브랜디 ················2작은술

치즈크림
크림치즈 ················40g
벌꿀 ····················12g
레몬즙 ···············1작은술
생크림 ··················40ml

· 장식에 사용한 레몬, 민트는 별도.

미리 준비하기

☐ 오븐팬에 오븐페이퍼를 깐다.
☐ 반죽에 들어갈 버터와 우유를
   내열용기에 담아
   전자레인지(500W)에 약 30초간
   돌려 버터를 녹인다.
☐ 치즈크림에 사용할 크림치즈는
   미리 실온에 꺼내놓는다.
☐ 오븐을 180℃로 예열한다.

만들기

1. 공립법으로 케이크 시트를 만든다. 레몬 껍질은 시트를 만들기 전에 미리 갈아둔다. 볼에 달걀과 백설탕을 넣고 단단해질 때까지 거품을 낸 후 갈아둔 레몬 껍질을 넣어 골고루 섞는다. 박력분을 체에 내려 넣고 여기에 녹인 버터와 우유를 부어 다시 섞는다. 반죽을 오븐팬에 부어 굽고, 다 구워지면 곧바로 틀에서 꺼내어 식힌다(P12 참조).

2. 시럽을 만든다. 물, 그래뉴당을 내열용기에 담아 전자레인지에 약 1분간 돌린다. 열기가 식으면 브랜디를 넣는다.

3. 치즈크림을 만든다. 실온에서 녹은 크림치즈를 볼에 넣고 실리콘 주걱을 이용해 부드러운 크림 상태가 될 때까지 젓는다. 여기에 벌꿀을 넣어 골고루 섞은 다음 레몬즙을 넣어 다시 섞는다.

4. 생크림을 거품기로 뿔이 휠 정도까지 7~80% 휘핑한 다음 **3**을 넣고 골고루 섞는다.

5. 케이크 시트의 종이를 벗기고 가장자리를 잘라낸 다음 울퉁불퉁한 부분을 다듬어 시트의 표면을 고르게 한다. 시럽을 먼저 바르고 그 위에 치즈크림을 덧발라 둥글게 만다. 냉장고에 30분~1시간 넣어둔다(P13 [9]~P14 참조).

예쁘게 포장해요!

투명한 리본과 셀로판 봉투로 앙증맞게

예쁘게 자른 롤케이크 단면을 폭이 넓은 리본으로 감싸서 투명 셀로판 봉투에 넣어주세요. 그런 다음 얇은 리본으로 투명 리본과 봉투를 함께 묶어요. 폭이 넓고 투명한 소재의 리본으로 케이크를 감쌌더니 롤케이크의 단면이 그대로 비쳐 훨씬 예쁘게 보인답니다.

호지차 콩가루크림 롤

간편하게 만들 수 있는 일본 스타일의 롤케이크입니다.
케이크 시트에는 일본 녹차 종류인 호지차를, 크림에는 콩가루를 넣었어요.
떫은 맛도 나지만, 호지차와 콩가루가 가진 향긋한 풍미가 어우러져
다른 롤케이크에서는 맛볼 수 없는 독특한 맛을 즐길 수 있답니다.

재료

호지차 스펀지 시트
(13cm×19.5cm 오븐팬 1개 분량)

호지차	1작은술
달걀(큰 것)	1개
백설탕	25g
박력분	20g
무염버터	5g
우유	1작은술

시럽(만들기 쉬운 분량)

물	50ml
그래뉴당	25g

콩가루크림

생크림	50ml
그래뉴당	5g
콩가루	$\frac{1}{2}$ 큰술

미리 준비하기

☐ 오븐팬에 오븐페이퍼를 깐다.
☐ 반죽에 들어갈 버터와 우유를
    내열용기에 담아
    전자레인지(500W)에 약 30초간
    돌려 버터를 녹인다.
☐ 오븐을 180℃로 예열한다.

만들기

1. 공립법으로 케이크 시트를 만든다. 호지차는 최대한 곱게 빻아 가루로 만든다. 볼에 달걀과 백설탕을 넣고 단단하게 거품을 낸 다음 호지차 가루를 넣고 골고루 섞는다. 박력분을 체에 내려 넣고 녹인 버터와 우유를 부어 골고루 섞는다. 반죽을 오븐팬에 부어 굽고, 다 구워지면 곧바로 틀에서 꺼내어 식힌다(P12 참조).

2. 시럽을 만든다. 물, 그래뉴당을 내열용기에 담아 전자레인지에 약 1분간 돌린 후 꺼내어 식힌다.

3. 콩가루크림을 만든다. 생크림과 그래뉴당을 볼에 넣고 거품기로 뿔이 휠 정도까지 7~80% 휘핑한 다음 콩가루를 넣고 덩어리가 생기지 않도록 골고루 섞는다.

4. 케이크 시트의 종이를 벗기고 가장자리를 잘라낸 다음 울퉁불퉁한 부분을 다듬어 시트의 표면을 고르게 한다. 시럽을 바르고 그 위에 콩가루크림을 넓게 펴바른 다음 둥글게 만다. 냉장고에 30분~1시간 정도 넣어둔다(P13 [9]~P14 참조).

part-2

여러 가지 스펀지케이크로
만드는 롤케이크

다양한 응용
레시피 14

달걀노른자와 흰자를 함께 넣어 반죽하는 공립법으로 만드는 스펀지케이크 이외에, 머랭을 사용하는 별립법 스펀지 시트, 중탕으로 굽는 수플레 스펀지 시트도 있어요. 스펀지케이크의 종류에 따라 식감이 달라지기 때문에, 다양한 방법으로 만들어보고 그 차이를 느껴보는 것도 좋겠지요. 반죽을 짜내어 굽거나 줄무늬를 넣기도 하고, 각종 장식을 더해서 롤케이크를 꾸밀 수도 있어요. 버터크림이나 캐러멜크림, 레어치즈크림 등 롤케이크에 들어가는 크림에도 다양하게 변화를 주어보세요.

커피버터크림 롤

케이크 시트와 크림 모두에 커피 향을 넣은 롤케이크예요.
버터크림의 농후한 맛을 즐길 수 있는 케이크죠.
버터크림을 좋아하지 않을 수도 있지만, 직접 만든 버터크림은
사서 먹는 케이크와는 비교가 안 될 만큼 맛있답니다.
버터크림의 진한 맛과 혀끝에 맴도는 부드러움을 직접 느껴보세요.

재료

커피 스펀지 시트
(13cm × 19.5cm 오븐팬 1개 분량)
달걀(큰 것) ························· 1개
백설탕 ······························ 25g
박력분 ······························ 20g
무염버터 ···························· 5g
우유 ·························· 1작은술
인스턴트커피 ··············· 1작은술
시럽(만들기 쉬운 분량)
물 ································· 50ml
그래뉴당 ···························· 25g
커피 리큐어 ················· 2작은술
커피버터크림
달걀 ································ 1개
그래뉴당 ···························· 40g
무염버터 ···························· 50g
인스턴트커피 ··············· 1작은술
뜨거운 물 ·················· $\frac{1}{2}$작은술
기타
커피초콜릿 ··················· 적당량

미리 준비하기

□ 오븐팬에 오븐페이퍼를 깐다.
□ 반죽에 들어갈 버터와 우유,
  인스턴트커피를 내열용기에 담아
  전자레인지(500W)에
  약 30초간 돌려 녹인다.
□ 커피버터크림에 사용할 버터는
  미리 실온에 꺼내놓는다.
□ 오븐을 180℃로 예열한다.

만들기

1. 공립법으로 케이크 시트를 만든다. 볼에 달걀과 백설탕을 넣고 단단해질 때까지 거품을 낸다. 박력분을 체에 내려 넣고 녹인 버터와 우유, 인스턴트커피를 넣어 잘 섞는다. 반죽을 오븐팬에 부어 굽고, 다 구워지면 곧바로 틀에서 꺼내어 식힌다(P12 참조).

2. 시럽을 만든다. 물, 그래뉴당을 내열용기에 담아 전자레인지에 약 1분간 돌린다. 열기가 식으면 리큐어를 넣는다.

3. 커피버터크림을 만든다. 스테인리스 볼에 달걀흰자와 그래뉴당을 넣고 잘 섞이도록 거품기로 젓는다. 불에 올리고 흰자가 굳지 않도록 계속 거품기로 저어가며 흰자의 온도가 47~48℃(목욕물보다 조금 따뜻한 정도)가 될 때까지 데운다.

4. 불에서 내리고 달걀흰자가 단단한 머랭이 될 때까지 핸드믹서로 잘 휘핑한다.

5. 실온에 미리 꺼내둔 버터를 3~4회에 나누어 넣는다. 버터를 넣을 때마다 덩어리가 남지 않도록 핸드믹서로 잘 섞는다. 중간에 버터와 흰자가 분리되는 느낌이 날 수도 있지만, 버터를 모두 넣으면 크림이 잘 섞이므로 걱정하지 않아도 된다.

6. 부드러운 크림 상태가 되면 인스턴트커피를 분량의 뜨거운 물에 녹여서 붓고 섞어준다.

7. 케이크 시트의 종이를 벗기고 가장자리를 잘라낸 다음 울퉁불퉁한 부분을 다듬어 시트의 표면을 고르게 한다. 완성된 시트에 시럽을 바르고 그 위에 버터크림을 덧발라 둥글게 만다. 냉장고에 30분~1시간 정도 넣었다가 꺼내어 커피초콜릿으로 장식한다(P13 [9]~P14 참조).

예쁘게 포장해요!

시크한 패브릭 포장은
성숙한 느낌을 주죠

케이크를 셀로판지로 싼한 다음 패브릭으로 포장하고 리본을 매어보세요. 천으로 된 냅킨이나 손수건을 사용해도 좋아요. 케이크와 어울리는 색상과 무늬로 꾸미면 정말 예쁘답니다.

와산본과 밤을 넣은 롤

케이크 시트와 크림에 와산본을 사용하고 케이크 속에는
밤 조림을 넣은 고급스러운 롤케이크입니다.
일본에서 생산되는 와산본 설탕은 일반 설탕보다
부드러운 단맛을 내죠.
크림 사이에 박혀 있는 밤 조림이 맛의 포인트입니다.

재료

와산본 시트
(13cm×19.5cm 오븐팬 1개 분량)

달걀(큰 것) ······························· 1개
와산본 ·································· 25g
박력분 ·································· 20g
무염버터 ································· 5g
우유 ································1작은술

시럽(만들기 쉬운 분량)
물 ································ 50ml
그래뉴당 ·································· 25g
럼주 ································2작은술

화이트생크림
생크림 ································ 80ml
와산본 ·································· 8g

기타
밤 조림(시판 제품) ············· 2알
와산본 ······························· 적당량

미리 준비하기

☐ 오븐팬에 오븐페이퍼를 깐다.
☐ 반죽에 들어갈 버터와 우유를
   내열용기에 담아
   전자레인지(500W)에
   약 30초간 돌려 녹인다.
☐ 오븐을 180℃로 예열한다.

만들기

1. 공립법으로 케이크 시트를 만든다. 볼에 달걀과 와산본을 넣고 단단하게 거품을 낸다. 박력분을 체에 내려 넣은 다음 녹인 버터와 우유를 붓고 다시 골고루 섞는다. 반죽을 오븐팬에 부어 굽고, 다 구워지면 곧바로 틀에서 꺼내어 식힌다(P12 참조).

2. 시럽을 만든다. 물, 그래뉴당을 내열용기에 담아 전자레인지에 약 1분간 돌린다. 열기가 식으면 럼주를 넣는다.

3. 화이트생크림을 만든다. 볼에 생크림과 와산본을 넣은 다음 뿔이 휠 정도까지 7~80% 휘핑한다.

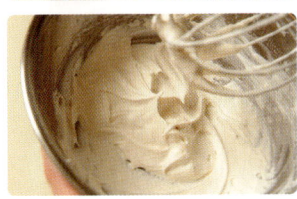

4. 밤 조림 4분의 1조각을 장식용으로 남겨두고, 나머지는 잘게 자른다.

5. 케이크 시트의 종이를 벗기고 가장자리를 잘라낸 다음 울퉁불퉁한 부분을 다듬어 시트의 표면을 고르게 한다. 시럽을 바르고 그 위에 3의 크림을 3분의 2만 펴바른다. 잘라둔 밤을 케이크 시트 앞쪽에 가지런히 올리고 둥글게 만다. 냉장고에 30분~1시간 정도 넣어둔다(P13 [9]~P14 참조).

6. 스패출러를 이용해 나머지 화이트생크림을 롤케이크 표면에 보기 좋게 바른다. 그 위에 장식용 밤을 올리고 와산본을 살짝 뿌린다.

캐러멜 밀크티 롤

홍차의 향기가 그윽한 케이크에 화이트생크림과 캐러멜크림으로
멋을 부린 롤케이크입니다. 두 가지 크림을 섞지 않고
따로 바르면 각각의 맛이 그대로 살아납니다.
케이크 표면에도 크림을 듬뿍 발라
부드러운 맛을 즐겨보세요.

재료

홍차 스펀지 시트
(13cm × 19.5cm 오븐팬 1개 분량)
달걀(큰 것) ···························· 1개
백설탕 ······························· 25g
박력분 ······························· 20g
홍차 A ····························· 1작은술
무염버터 ······························ 5g
우유 ······························· 1작은술
홍차 B ····························· 1작은술
뜨거운 물 ··························· 1큰술
시럽(만들기 쉬운 분량)
물 ·································· 50ml
그래뉴당 ····························· 25g
브랜디 ····························· 1작은술
캐러멜크림(만들기 쉬운 분량)
그래뉴당 ···························· 100g
소금 ································· 약간
물 ·································· 50ml
생크림 ····························· 100ml
화이트생크림
생크림 ····························· 80ml
그래뉴당 ······························ 8g

미리 준비하기

☐ 오븐팬에 오븐페이퍼를 깐다.
☐ 반죽에 들어갈 버터와 우유를
　내열용기에 담아
　전자레인지(500W)에
　약 30초간 돌려 녹인다.
☐ 오븐을 180℃로 예열한다.

만들기

1. 공립법으로 케이크 시트를 만든다. 홍차 A는 최대한 곱게 간다. 홍차 B는 작은 그릇에 담아 분량의 뜨거운 물을 붓고 뚜껑을 덮어 불린 다음 차 거름망에 올려 스푼으로 꾹 눌러 진한 홍차액을 추출한다.

2. 볼에 달걀과 백설탕을 넣고 단단하게 거품을 낸다. 박력분을 체에 내려, 1의 홍차 A와 함께 넣고 잘 섞는다. 여기에 녹인 버터와 우유, 1에서 추출한 홍차 B를 넣어 잘 섞어준다. 반죽을 오븐팬에 부어 굽고, 다 구워지면 곧바로 틀에서 꺼내어 식힌다(P12 참조).

3. 시럽을 만든다. 물, 그래뉴당을 내열용기에 담아 전자레인지에 약 1분간 돌린다. 열기가 식으면 브랜디를 넣는다.

4. 캐러멜크림을 만든다. 작은 냄비에 물, 그래뉴당, 소금을 한 꼬집 넣고 불에 올려 졸인다. 냄비의 안쪽 면부터 갈색으로 타기 시작하면 냄비를 흔들어 골고루 섞어가며 원하는 색이 나올 때까지 졸인다. 냄비에 나무 주걱을 받치고 생크림을 흘려 넣은 다음 얼룩 없이 섞일 때까지 살살 젓는다. 불에서 내려 실온에서 식힌 뒤에 냉장고에 넣어 차갑게 한다.

5. 화이트생크림을 만든다. 볼에 생크림과 그래뉴당을 넣은 다음 뿔이 휠 정도까지 7~80% 휘핑한다.

6. 케이크 시트의 종이를 벗기고 가장자리를 잘라낸 다음 울퉁불퉁한 부분을 다듬어 시트의 표면을 고르게 한다. 시럽을 바른 위에 5의 크림을 3분의 2만 바른다. 스푼으로 캐러멜크림 1작은술 정도를 시트 앞쪽에 듬뿍 뿌리고 전체적으로도 조금씩 흘려준 다음 둥글게 만다. 냉장고에 30분~1시간 정도 넣어둔다(P13 [9]~P14).

7. 스패출러를 이용해 나머지 화이트생크림을 롤케이크 표면에 바르고, 남은 캐러멜크림을 스푼으로 떠서 케이크 곳곳에 바른다.

> **쓰고 남은 캐러멜크림은…**
> 사용하고 남은 캐러멜크림을 밀폐용기에 담아 냉장고에 보관하면 1~2개월 정도는 괜찮답니다. 토스트에 발라먹어도 맛있고, 밀크티나 카페오레, 뜨거운 우유 등에 넣으면 은은한 캐러멜 향을 즐길 수 있어요.

보스턴 크림 롤

미국에는 보스턴 크림 파이라고 불리는 전통적인 케이크가 있어요.
스펀지케이크 사이에 커스터드크림을 채우고 초콜릿을 뿌린 케이크죠.
보스턴 크림 파이에 오렌지크림으로 변화를 준 롤케이크를 만들어보세요.

재료

스펀지 시트
(13cm × 19.5cm 오븐팬 1개 분량)

달걀(큰 것)	1개
백설탕	25g
박력분	20g
무염버터	5g
우유	1작은술

시럽(만들기 쉬운 분량)

물	50ml
그래뉴당	25g
그랑 마르니에	2작은술

커스터드크림

우유	60ml
달걀노른자	1개분
백설탕	10g
박력분	6g
무염버터	5g
바닐라 에센스	약간
오렌지과즙	1큰술
오렌지껍질 간 것	$\frac{1}{4}$개분

초콜릿 글레이즈(만들기 쉬운 분량)

밀크초콜릿	50g
생크림	30ml

기타

오렌지	1~2조각

미리 준비하기

☐ 오븐팬에 오븐페이퍼를 깐다.
☐ 반죽에 들어갈 버터와 우유를
  내열용기에 담아
  전자레인지(500W)에
  약 30초간 돌려 녹인다.
☐ 오븐을 180℃로 예열한다.

만들기

1. 공립법으로 케이크 시트를 만든다. 볼에 달걀과 백설탕을 넣고 단단하게 거품을 낸다. 박력분을 체에 내려 넣은 다음 녹인 버터와 우유를 부어 다시 골고루 섞는다. 반죽을 오븐팬에 부어 굽고, 다 구워지면 곧바로 틀에서 꺼내어 식힌다(P12 참조).

2. 시럽을 만든다. 물, 그래뉴당을 내열용기에 담아 전자레인지에 약 1분간 돌린다. 열기가 식으면 그랑 마르니에를 넣는다.

3. 커스터드크림을 만든다. 내열 유리 볼에 백설탕, 박력분을 넣고 잘 섞은 다음, 우유는 조금씩 부어가며 섞는다. 여기에 달걀노른자를 넣고 뭉치지 않도록 잘 저어준다.

4. 랩을 씌우지 않은 상태로 전자레인지에 1분간 돌린 다음 버터와 바닐라 에센스를 넣고 남은 열을 이용해 골고루 섞는다. 반죽을 다른 볼에 옮겨 담아 랩을 씌워서 식힌 후, 사용하기 직전에 오렌지 과즙과 오렌지껍질 간 것을 넣어 골고루 섞는다.

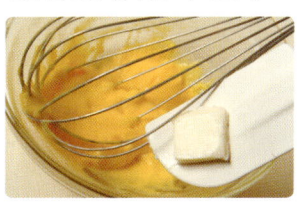

5. 초콜릿 글레이즈를 만든다. 밀크초콜릿을 잘게 다져 볼에 넣고 50℃에서 중탕으로 녹인다. 생크림을 전자레인지에 약 30초간 돌린 뒤 녹은 초콜릿에 넣고 실리콘 주걱으로 잘 섞는다.

6. 케이크 시트의 종이를 벗기고 가장자리를 잘라낸 다음 울퉁불퉁한 부분을 다듬어 시트의 표면을 고르게 한다. 시럽을 바른 위에 커스터드크림을 고루 펴바르고, 시트 앞쪽에 잘게 썬 오렌지를 올려 둥글게 만다. 냉장고에 30분~1시간 정도 넣어둔다(P13 [9]~P14 참조).

7. 실리콘 주걱으로 초콜릿 글레이즈를 떠서 롤케이크 표면에 선을 그리듯 뿌린다.

비스퀴 커피 롤

비스퀴는 별립법으로 만든 스펀지케이크를 말해요.
별립법은 달걀흰자와 노른자를 따로따로 휘핑한 뒤 합치는 방법이지요.
반죽이 걸쭉한 편이어서 틀에 부을 때 짤주머니에 넣어 짤 수도 있어요.
비스퀴 스펀지케이크는 겉이 바삭한 것이 특징으로,
향긋한 커피크림과 아주 잘 어울리지요.

재료

스펀지 시트(별립법)
(13cm × 19.5cm 오븐팬 1개 분량)
달걀흰자 ································ 1개분
백설탕 ································· 25g
달걀노른자 ··························· 1개분
박력분 ································· 10g
옥수수전분 ···························· 5g
무염버터 ······························ 8g
시럽(만들기 쉬운 분량)
물 ·································· 50ml
그래뉴당 ····························· 25g
커피 리큐어 ·····················2작은술
커피크림
생크림 ······························ 50ml
그래뉴당 ····························· 5g
인스턴트커피 ···················1작은술
뜨거운 물 ··················· $\frac{1}{2}$ 작은술

미리 준비하기

☐ 오븐팬에 오븐페이퍼를 깐다
  (P11 참조).
☐ 반죽에 들어갈 버터를
  내열용기에 담아
  전자레인지(500W)에
  약 30초간 돌려 녹인다.

☐ 지름 8mm의 원형 깍지를 끼운
  짤주머니를 준비한다.

☐ 오븐을 180℃로 예열한다.

만들기

별립법 스펀지 시트 만들기

1. 볼에 달걀흰자와 백설탕을 넣고 핸드믹서로 휘핑해서, 들어 올렸을 때 단단하게 뿔이 설 정도의 머랭을 만든다.

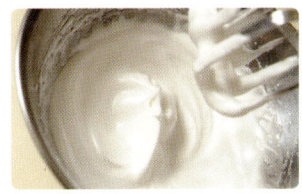

2. 다른 볼에 달걀노른자를 넣고 실리콘 주걱으로 잘 풀어서 액체 상태가 되면 1의 머랭에 넣는다.

3. 2를 서너 번 저어 달걀노른자가 아직 머랭에 완전히 섞이지 않은 마블 상태에서, 박력분과 옥수수전분을 함께 체에 쳐서 넣는다. 가루가 남지 않을 때까지 실리콘 주걱으로 크게 저어 골고루 섞는다.

4. 녹인 버터를 넣고 실리콘 주걱으로 골고루 잘 섞는다.

5. 완성된 반죽을 짤주머니에 넣고 틀에 사선 모양으로 짠다. 구웠을 때 반죽이 부푸는 것을 고려해서 반죽 사이에 조금씩 간격을 둔다.

6. 오븐에서 약 9분간 구운 뒤 다 구워지면 틀에서 바로 꺼내서 식힘망에 올려 식힌다.

시럽 만들기

7. 물, 그래뉴당을 내열용기에 넣고 전자레인지에 약 1분간 돌린다. 열기가 식으면 커피 리큐어를 넣는다.

커피크림 만들기

8. 인스턴트커피를 뜨거운 물에 녹여 진한 커피 용액을 만든 다음 식힌다.

> 뜨거운 물을 많이 넣으면 나중에 생크림을 첨가했을 때 생크림이 분리되거나 퍼석해질 수 있으므로 뜨거운 물을 최대한 적게 넣는 것이 좋아요. 인스턴트커피의 입자가 커서 분량의 뜨거운 물에 잘 녹지 않으면 중탕하면서 잘 저어주면 됩니다.

9. 볼에 생크림과 그래뉴당을 넣고 거품기로 뿔이 약간 휠 정도까지 6~70% 거품을 낸 다음, 8을 붓고 다시 뿔이 설 정도까지 단단하게 휘핑한다.

롤케이크 시트 준비하기

10. 케이크 시트가 완전히 식으면 종이를 벗기고 구워진 면을 위로 둔 상태에서 가장자리를 조금씩 자른다. 오븐팬에 닿은 부분은 다른 부분에 비해 딱딱하기 때문에 그대로 쓰면 롤이 예쁘게 말리지 않는다.

시럽 바르기

11. 케이크 시트보다 조금 큰 사이즈의 오븐페이퍼를 깔고, 구워진 면이 바닥으로 가도록 케이크 시트를 뒤집은 다음, 브러시로 시럽을 골고루 바른다. 시럽은 2큰술 정도를 사용한다. 케이크 시트가 딱딱하다 싶으면 시럽을 조금 더 바른다.

커피크림 바르기

12. 커피크림을 케이크 시트에 올리고 스패츌러로 골고루 펴바른다.

롤 말기

13. 시트의 한쪽 끝을 들어 둥글게 만다. 롤의 이음매가 바닥으로 가게 놓고 오븐페이퍼로 감싼다. 오븐페이퍼가 말린 끝부분에 자를 끼운 뒤, 바닥에 깔린 오븐페이퍼를 바깥쪽으로 잡아당기면서 자를 몸쪽으로 당겨 롤을 균일하게 정돈한다.

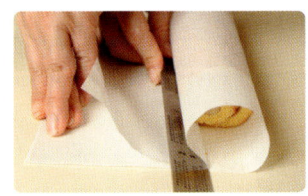

14. 오븐페이퍼의 양끝을 사탕 껍질처럼 꼰다. 이음매가 바닥으로 가게 해서 약 30분~1시간 정도 냉장고에 넣어 크림을 굳힌다.

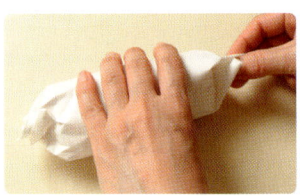

팥과 살구를 넣은 쌀가루 롤

쌀가루를 사용해 쫄깃한 롤케이크를 만들었어요.
설탕을 따로 넣지 않아도,
휘핑할 때 크림에 넣은 삶은 팥이
부드러운 단맛을 내준답니다.

만들기

1. 별립법으로 스펀지 시트를 만든다. 볼에 달걀흰자와 백설탕을 넣고 핸드믹서로 저어 들어올리면 뿔이 설 정도로 단단한 머랭을 만든다. 달걀노른자를 풀어 머랭에 넣고 골고루 섞는다.

2. 여기에 쌀가루를 넣고 가루가 남지 않을 때까지 잘 섞은 다음 녹인 버터를 넣고 크게 저어 잘 섞는다. 반죽을 틀에 부어 오븐에서 약 9분간 굽는다. 다 구워지면 곧바로 틀에서 꺼내어 식힌다(P47 참조).

3. 시럽을 만든다. 물, 그래뉴당을 내열용기에 넣고 전자레인지에 약 1분간 돌려 끓인 다음 꺼내어 식힌다.

4. 팥크림을 만든다. 통조림 팥과 생크림을 볼에 넣고 거품기로 뿔이 휠 정도까지 7~80% 휘핑한다.

5. 케이크 시트의 종이를 벗기고 가장자리를 잘라낸 다음 울퉁불퉁한 부분을 다듬어 시트의 표면을 고르게 한다. 시트에 시럽을 바르고 그 위에 팥크림을 덧바른다. 시트 앞쪽에 5~6mm 크기로 자른 살구를 올린 다음 케이크를 둥글게 만다. 냉장고에 30분~1시간 정도 넣어둔다(P48 [13] 참조).

재료

스펀지 시트(별립법)
(13cm×19.5cm 오븐팬 1개 분량)

달걀흰자	1개분
백설탕	25g
달걀노른자	1개분
쌀가루	15g
무염버터	8g

시럽(만들기 쉬운 분량)

물	50ml
그래뉴당	25g

팥크림

생크림	50ml
삶은 팥(통조림·가당)	10g

기타

살구(통조림)	1알

미리 준비하기

☐ 오븐팬에 오븐페이퍼를 깐다.
☐ 반죽에 들어갈 버터를 내열용기에 담아 전자레인지(500W)에 약 30초간 돌려 녹인다.
☐ 오븐을 180℃로 예열한다.

트로피컬 레어치즈 롤

크림치즈와 사워크림으로 만든 레어치즈크림은
상큼하면서도 진한 맛이 나지요.
레어치즈크림과 잘 어울리는 열대과일까지 넣으면 더욱 맛있답니다.
반죽을 짤 때 다양하게 변화를 줘서 개성적인 롤케이크를 만들어보세요.

재료

스펀지 시트(별립법)
(13cm×19.5cm 오븐팬 1개 분량)
달걀흰자 ····················· 1개분
백설탕 ······················ 25g
달걀노른자 ··················· 1개분
박력분 ······················ 10g
옥수수전분 ··················· 5g
무염버터 ····················· 8g
시럽(만들기 쉬운 분량)
물 ························· 50ml
그래뉴당 ····················· 25g
럼주 ··················· 2작은술
레어치즈크림
크림치즈 ····················· 60g
사워크림 ····················· 30g
그래뉴당 ····················· 8g
럼주 ····················· $\frac{1}{2}$작은술
기타
파인애플(통조림), 바나나, 망고, 키위
······················· 각 10g
슈거파우더 ··················· 약간

미리 준비하기

☐ 오븐팬에 오븐페이퍼를 깐다.
☐ 반죽에 들어갈 버터를 내열용기에
　담아 전자레인지(500W)에
　약 30초간 돌려 녹인다.
☐ 레어치즈크림에 사용할 크림치즈를
　미리 실온에 꺼내둔다.
☐ 지름 8mm의 원형 깍지를 끼운
　짤주머니를 준비한다.
☐ 오븐을 180℃로 예열한다.

만들기

1. 별립법으로 스펀지 시트를 만든
다. 볼에 달걀흰자와 백설탕을
넣고 핸드믹서로 휘핑한다. 들어올렸을
때 뿔이 설 정도로 단단한 머랭이 되면,
달걀노른자를 풀어서 머랭에 넣고 골고
루 섞는다.

2. 박력분과 옥수수전분을 체에
내려 넣고 가루가 남지 않을
때까지 잘 섞은 다음, 녹인 버터를 넣
어 자르듯이 크게 저어 섞는다. 반죽을
짤주머니에 넣어 틀에 가로 방향으로
짜고 오븐에 약 9분 정도 굽는다. 다
구워지면 곧바로 틀에서 꺼내어 식힌
다(P47 참조).

3. 시럽을 만든다. 물, 그래뉴당을
내열용기에 넣고 전자레인지
에 약 1분간 돌린다. 열기가 식으면 럼
주를 넣는다.

4. 레어치즈크림을 만든다. 미리
실온에 두어 말랑말랑해진 크
림치즈를 그래뉴당과 함께 볼에 넣고
부드러운 크림 상태가 될 때까지 젓는
다. 여기에 사워크림과 럼주를 넣는다.

5. 사용하기 직전에 5~6mm 크
기로 자른 과일을 넣고 실리콘
주걱으로 가볍게 섞는다.

6. 케이크 시트의 종이를 벗기고
가장자리를 잘라낸 다음 울퉁
불퉁한 부분을 다듬어 시트의 표면을
고르게 한다. 시트에 시럽을 바르고 그
위에 5를 덧바른 다음 케이크를 둥글
게 만다. 냉장고에 30분~1시간 정도
넣어두었다가 먹기 직전에 슈거파우
더를 분당체에 내려 살짝 뿌린다(P48
[13] 참조).

라즈베리 잼 롤　　　피넛버터 롤

별립법으로 스펀지케이크를 만들면
이렇게 깜찍한 줄무늬도 쉽게 넣을 수 있어요.
반죽을 둘로 나눠 한쪽에만 색을 넣고,
한 줄씩 번갈아 짜주면 된답니다.

라즈베리 잼 롤과 다른 색깔 줄무늬를 넣고 땅콩 잼을 발랐어요.
이렇게 예쁜 두 가지 색상의 롤케이크를 선물하면
받는 분도 더욱 기뻐할 거예요.

재료

〉〉라즈베리 잼 롤

스펀지 시트(별립법)
(13cm×19.5cm 오븐팬 1개 분량)

달걀흰자	1개분
백설탕	25g
달걀노른자	1개분
박력분	10g
옥수수전분	5g
무염버터	8g
식용색소(적색)	귀이개 $\frac{1}{4}$ 정도

시럽(만들기 쉬운 분량)

물	50ml
그래뉴당	25g
라즈베리 리큐어	2작은술

기타

라즈베리 잼(시판제품)	30g

〉〉피넛버터 롤

스펀지 시트(별립법)
(13cm×19.5cm 오븐팬 1개 분량)

달걀흰자	1개분
백설탕	25g
달걀노른자	1개분
박력분	10g
옥수수전분	5g
무염버터	8g
식용색소(청색)	귀이개 $\frac{1}{4}$ 정도

시럽(만들기 쉬운 분량)

물	50ml
그래뉴당	25g
럼주	2작은술

기타

땅콩 잼(시판제품)	30g

미리 준비하기(공통)

□ 오븐팬에 오븐페이퍼를 깐다.
□ 반죽에 들어갈 버터를 내열용기에 담아 전자레인지(500W)에 약 30초간 돌려 녹인다.
□ 지름 8mm의 원형 깍지를 끼운 짤주머니를 준비한다.
□ 오븐을 180℃로 예열한다.

만들기(공통) · [ ]는 피넛버터 롤에만 해당

1. 별립법 스펀지 시트를 만든다. 볼에 달걀흰자와 백설탕을 넣고 핸드믹서로 휘핑해. 들어올렸을 때 뿔이 설 정도로 단단한 머랭을 만든다. 달걀노른자를 풀어 머랭에 넣고 골고루 섞는다.

2. 박력분과 옥수수전분을 체에 내려 넣고 가루가 남지 않을 때까지 잘 섞은 다음 녹인 버터를 넣고 자르듯이 크게 저어 섞는다(P47 참조).

3. 반죽의 절반을 다른 볼에 옮겨 담는다. 최소한의 물(분량 외)로 식용색소 가루를 녹인다. 옮겨 담은 반죽에 꼬치로 색소를 찍어 조금씩 넣으면서 실리콘 주걱으로 섞어 원하는 색을 만든다. 색깔이 다른 두 개의 반죽을 각각 짤주머니에 넣는다. 먼저 색소를 넣지 않은 반죽을 틀에 일정한 간격을 두고 대각선으로 짠 다음 색소를 넣은 반죽을 그 사이에 짠다. 오븐에 약 9분간 구운 후 익으면 곧바로 틀에서 꺼내어 식힌다.

4. 시럽을 만든다. 물, 그래뉴당을 내열용기에 넣고 전자레인지에 약 1분간 돌려 끓인 다음 꺼내어 식힌 후 라즈베리 리큐어[럼주]를 넣는다.

5. 케이크 시트의 종이를 벗기고 가장자리를 잘라낸 다음 울퉁불퉁한 부분을 다듬어 시트의 표면을 고르게 한다. 시트에 시럽을 바르고 그 위에 라즈베리 잼[땅콩 잼]을 덧바른 다음 둥글게 만다. 냉장고에 30분~1시간 정도 넣어둔다(P48 [13] 참조).

바나나와 딸기를 넣은 수플레 롤

중탕으로 굽는 수플레 반죽은
공립법 반죽에 비해 촉촉하고 탄력이 있어요.
하얀 생크림에 좋아하는 과일을 넣은
심플한 롤케이크를 만들어 수플레 케이크
본연의 맛을 느껴보세요.

재료

수플레 시트
(13cm×19.5cm 오븐팬 1개 분량)
무염버터	10g
박력분	15g
우유	35ml
달걀노른자	1개분
달걀흰자	1개분
백설탕	20g

시럽(만들기 쉬운 분량)
물	50ml
그래뉴당	25g
럼주	2작은술

화이트생크림
생크림	50ml
그래뉴당	5g

기타
바나나	3~4cm
딸기	1~2알

미리 준비하기

□ 오븐팬에 오븐페이퍼를 깐다 (P11 참조).
□ 반죽에 들어갈 우유를 내열용기에 담아 전자레인지(500W)에 약 1분간 돌려 끓기 직전까지 데운다.
□ 오븐을 180℃로 예열한다.

만들기

수플레 시트 만들기

1. 작은 냄비에 버터를 넣고 불을 켠다. 버터가 녹으면 박력분을 넣는다. 화이트소스를 만들 때처럼 박력분이 타지 않도록 주의하며 나무 주걱으로 살살 젓는다.

2. 가루가 남지 않도록 잘 섞다가 냄비에 얇은 막이 생긴 것처럼 되면 곧바로 불을 끈다.

3. 데운 우유를 두세 번에 나눠 부으면서 덩어리가 지지 않도록 주의하면서 반죽을 젓는다.

4. 달걀노른자를 넣고 재빠르게 섞은 다음 체에 걸러서 볼에 옮겨 담는다.

5. 다른 볼에 달걀흰자와 백설탕을 넣고 핸드믹서로 휘핑해, 들어올렸을 때 뿔이 설 정도로 단단한 머랭을 만든다.

6. 5에서 3분의 1정도를 덜어 달걀노른자가 담긴 4의 볼에 넣고, 실리콘 주걱으로 잘 섞는다. 남은 머랭을 모두 넣고 얼룩이 없어지도록 잘 섞는다.

7. 반죽을 틀에 붓고 일정한 두께가 되도록 넓게 편다.

8. 틀보다 큰 그릇에 80~100ml의 뜨거운 물(분량 외)을 붓고, 그 위에 틀을 놓은 다음 오븐에서 15~16분 정도 굽는다.

9. 다 구워지면 곧바로 틀에서 꺼내어 식힘망에 올려 식힌다.

시럽 만들기

10. 물, 그래뉴당을 내열용기에 넣고 전자레인지에 1분간 돌린다. 열기가 식으면 럼주를 넣는다.

화이트생크림 만들기

11. 생크림, 그래뉴당을 볼에 넣고 거품기로 저어 뿔이 휠 정도까지 7~80% 휘핑한다.

과일 썰기

12. 바나나와 딸기는 장식용을 남기고 잘게 썬다.

롤케이크 시트 준비하기

13. 케이크가 완전히 식으면 종이를 벗기고 가장자리를 조금씩 자른다. 오븐 팬에 닿은 부분은 다른 부분에 비해 조금 딱딱하기 때문에 그냥 쓰면 롤이 예쁘게 말리지 않는다. 케이크의 울퉁불퉁한 부분을 다듬어 케이크 시트의 표면을 일정하게 한다. 롤케이크를 말았을 때 단면에 갈색 선이 보이지 않게 하려면 구워진 면을 얇게 벗겨낸다(P13 참조).

14. 케이크보다 조금 큰 오븐페이퍼를 깔고 그 위에 케이크 시트를 올린다. 이때 구워진 면이 위로 오게 한다. 시트 전체에 브러시로 시럽을 골고루 바른다. 시럽은 2큰술 정도를 바르고, 케이크가 딱딱하다 싶으면 시럽을 더 바른다.

크림 바르기

15. 화이트생크림을 케이크에 올리고 스패출러로 넓게 펴바른다.

과일 올리기

16. 케이크 앞쪽에 바나나와 딸기를 올린다.

롤 말기

17. 케이크 시트의 앞쪽을 들어올려 과일 부분을 둥글게 말아준 다음 그대로 끝까지 돌돌 만다. 롤의 이음매가 바닥으로 가게 해서 오븐페이퍼로 감싼다. 오븐페이퍼가 둥글게 말린 부분에 자를 끼운 채 바닥의 오븐페이퍼를 잡아당기면 롤을 균일하게 마무리할 수 있다.

18. 오븐페이퍼의 양끝을 사탕 껍질처럼 꼰다. 이음매가 바닥으로 가도록 해서 냉장고에서 약 30분~1시간 정도 크림을 굳힌다. 먹기 전에 얇게 썬 바나나와 딸기를 올려 장식한다.

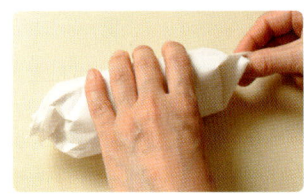

흑설탕 수플레 롤

흑설탕을 넣은 스펀지케이크와 생크림에,
일본산 흑설탕 소주를 넣은 시럽으로 풍미를 더했습니다.
백설탕과는 또 다른 흑설탕만의 달콤하고 진한 맛을 느껴보세요.

만들기

1. 수플레 시트를 만든다. 작은 냄비에 버터를 녹이고서 버터가 다 녹을 때쯤 박력분을 넣어 섞어준다. 가루가 남지 않도록 잘 섞이면 불을 끈 다음 데운 우유를 두세 번에 나눠 붓는다. 달걀노른자를 넣어 섞고 체에 걸러서 볼로 옮긴다.

2. 다른 볼에 달걀흰자와 흑설탕을 넣고 머랭을 만든다. 머랭의 약 3분의 1을 덜어 1의 볼에 넣어 잘 섞은 다음 남은 머랭도 모두 넣는다. 반죽을 틀에 붓고 중탕으로 오븐에서 약 15~16분간 굽는다. 다 구워지면 틀에서 꺼내어 식힌다(P55 참조).

3. 시럽을 만든다. 물, 그래뉴당을 내열용기에 넣고 전자레인지에 약 1분간 돌린다. 열기가 식으면 흑설탕 소주를 넣는다.

4. 흑설탕크림을 만든다. 볼에 생크림과 흑설탕을 넣고 거품기로 저어 뿔이 휠 정도까지 7~80% 휘핑한다.

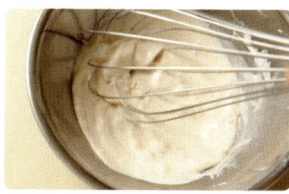

5. 케이크의 종이를 벗기고 가장자리를 조금씩 자른 다음 표면을 고르게 다듬는다. 시트에 시럽을 바르고 그 위에 흑설탕크림을 덧바른 다음 둥글게 만다. 냉장고에 30분~1시간 동안 넣어둔다(P56 [17] 참조).

재료

수플레 시트
(13cm × 19.5cm 오븐팬 1개 분량)
무염버터	10g
박력분	15g
우유	35ml
달걀노른자	1개분
달걀흰자	1개분
흑설탕	20g

시럽(만들기 쉬운 분량)
물	50ml
그래뉴당	25g
흑설탕 소주	2작은술

흑설탕크림
생크림	50ml
흑설탕	5g

미리 준비하기

☐ 오븐팬에 오븐페이퍼를 깐다.
☐ 반죽에 들어갈 우유를 내열용기에 담아 전자레인지(500W)에 약 1분간 돌려 끓기 직전까지 데운다.
☐ 오븐을 180℃로 예열한다.

쇼콜라 & 녹차 수플레 롤

코코아를 넣은 수플레 케이크에 녹차크림을 넣었습니다.
서양의 코코아와 동양의 녹차가 가진 쌉쌀한 맛이
의외로 잘 어울리는 롤케이크입니다.
생크림에 가루녹차를 조금씩 넣으면서 섞으면 부드러워져요.

재료

수플레 시트
(13cm × 19.5cm 오븐팬 1개 분량)

무염버터 ················· 10g
박력분 ················· 15g
코코아파우더 ················· 5g
우유 ················· 35ml
달걀노른자 ················· 1개분
달걀흰자 ················· 1개분
백설탕 ················· 20g

시럽(만들기 쉬운 분량)

물 ················· 50ml
그래뉴당 ················· 25g
초콜릿 리큐어 ················· 2작은술

녹차크림

생크림 ················· 80ml
그래뉴당 ················· 8g
가루녹차 ················· $\frac{1}{2}$ 작은술

기타

코코아파우더, 가루녹차 ······· 적당량

미리 준비하기

☐ 오븐팬에 오븐페이퍼를 깐다.
☐ 오븐을 180℃로 예열한다.
☐ 반죽에 사용할 박력분과
   코코아파우더는
   섞어서 체에 쳐둔다.
☐ 반죽에 들어갈 우유를 내열용기에
   담아 전자레인지(500W)에
   약 1분간 돌려
   끓기 직전까지 데운다.

만들기

1. 수플레 시트를 만든다. 작은 냄비에 버터를 녹인다. 버터가 녹으면 박력분과 코코아파우더를 넣고 젓는다. 가루가 남지 않도록 잘 섞이면 불을 끈다.

2. 1에 데운 우유를 두세 번에 나눠 붓고 달걀노른자를 넣어 섞는다. 체에 걸러 볼에 옮겨둔다.

3. 다른 볼에 달걀흰자와 백설탕을 넣어 머랭을 만든다. 머랭의 3분의 1정도를 2의 볼에 넣고 잘 섞은 뒤 남은 머랭도 모두 넣어 섞는다. 반죽을 틀에 붓고 중탕으로 오븐에서 약 15~16분간 굽는다. 다 구워지면 틀에서 꺼내어 식힌다(P55 참조).

4. 시럽을 만든다. 물, 그래뉴당을 내열용기에 넣고 전자레인지에 약 1분간 돌린다. 열기가 식으면 초콜릿 리큐어를 넣는다.

5. 녹차크림을 만든다. 볼에 그래뉴당을 넣고 가루녹차를 체에 내려 넣은 다음 거품기로 잘 섞는다. 가루녹차가 덩어리지지 않도록 생크림을 조금씩 넣어가며 젓는다. 거품기로 뿔이 휠 정도까지 7~80% 휘핑한다.

6. 케이크의 종이를 벗기고 가장자리를 조금씩 자른 다음 두께를 일정하게 한다. 케이크 시트에 시럽을 바르고 그 위에 녹차크림을 덧바른 다음 둥글게 만다. 냉장고에 30분~1시간 동안 넣어두었다가 먹기 직전에 코코아파우더를 분당체로 케이크 전체에 솔솔 뿌린다. 가운데쯤에 가루녹차를 살짝 뿌려 장식한다(P56 [17] 참조).

메이플 애플 롤

메이플 슈거로 풍미를 더한 케이크와 크림에
애플 메이플 소테가 아주 잘 어울리는 롤케이크입니다.
달콤한 메이플향을 한껏 느낄 수 있는 매력적인
롤케이크죠. 사워크림을 넣어 산뜻하게 마무리했어요.

재료

수플레 시트
(13cm×19.5cm 오븐팬 1개 분량)
무염버터 ························· 10g
박력분 ···························· 15g
우유 ······························ 35ml
달걀노른자 ···················· 1개분
달걀흰자 ························ 1개분
메이플 슈거 ···················· 20g

시럽(만들기 쉬운 분량)
물 ·································· 50ml
그래뉴당 ························· 25g
칼바도스 ····················· 2작은술

사워생크림
생크림 ··························· 60ml
사워크림 ························· 40g
메이플 슈거 ···················· 10g

애플 메이플 소테(만들기 쉬운 분량)
사과 ······························ 1/4개
무염버터 ························· 10g
메이플 시럽 ···················· 1큰술

미리 준비하기

☐ 오븐팬에 오븐페이퍼를 깐다.
☐ 반죽에 들어갈 우유를 내열용기에
   담아 전자레인지(500W)에
   약 1분간 돌려
   끓기 직전까지 데운다.
☐ 오븐을 180℃로 예열한다.

만들기

1. 수플레 시트를 만든다. 작은 냄비에 버터를 녹인다. 버터가 녹으면 박력분을 넣고 젓는다. 가루가 남지 않도록 잘 섞이면 불을 끈다. 미리 데운 우유를 두세 번에 나눠 부은 다음 달걀노른자를 넣고 섞는다. 체에 걸러 볼에 옮긴다.

2. 다른 볼에 달걀흰자와 메이플 슈거를 넣고 머랭을 만든다. 머랭의 약 3분의 1을 덜어 먼저 1의 볼에 넣고 잘 섞은 다음 남은 머랭도 모두 넣어 섞어준다. 반죽을 틀에 붓고 중탕으로 오븐에서 약 15~16분간 굽는다. 다 구워지면 틀에서 꺼내어 식힌다(P55 참조).

3. 시럽을 만든다. 물, 그래뉴당을 내열용기에 넣고 전자레인지에 약 1분간 돌린다. 열기가 식으면 칼바도스를 넣는다.

4. 애플 메이플 소테를 만든다. 사과는 껍질을 벗기고 가운데에 있는 심을 제거한다. 7~8mm 크기로 깍둑썰기 한다. 프라이팬에 버터를 올리고 불을 켠 다음 버터가 녹으면 사과를 넣어 볶는다. 전체적으로 버터가 골고루 돌면 메이플 시럽을 넣고 걸쭉한 느낌이 들 때까지 볶아서 식힌다.

5. 사워생크림을 만든다. 볼에 분량의 사워크림과 메이플 슈거를 넣고 부드러워지도록 거품기로 젓는다. 여기에 생크림을 조금씩 넣어가며 섞은 후 뿔이 휠 정도까지 7~80% 휘핑한다.

6. 케이크의 종이를 벗기고 가장자리를 조금씩 자른 다음 표면을 고르게 한다. 케이크 시트에 시럽을 바르고 그 위에 사워생크림을 덧바른다. 케이크 시트 앞쪽에 애플 메이플 소테를 가지런히 올린 다음 둥글게 만다. 냉장고에 30분~1시간 동안 넣어둔다(P56 [17] 참조).

애플 메이플 소테가 남을 경우 아이스크림이나 치즈에 곁들여 드시면 좋아요.

예쁘게 포장해요!

색이 다른 포장지를 겹쳐서 포인트를 주자

두 가지 색상의 포장지를 준비한 다음, 한 장만 1cm 정도 잘라주세요. 1cm를 잘라낸 포장지를 먼저 깔고 큰 포장지를 위에 놓은 다음 한가운데에 케이크를 올려놓습니다. 케이크를 싸고 나면 작은 포장지가 중앙에 세로로 띠를 만들어 포인트가 되지요. 리본은 세로선과 나란하게 묶는 것이 한층 세련돼 보여요.

크로칸트 롤케이크

아몬드에 설탕을 넣고 볶아 캐러멜처럼
바삭하게 만든 크로칸트와
씹는 식감이 좋은 말린 과일을 넣은 롤케이크입니다.
커스터드크림과 생크림을 섞은 디플로매트크림으로 풍부한 맛을 냈어요.

재료

수플레 시트
(13cm×19.5cm 오븐팬 1개 분량)
무염버터 …………………… 10g
박력분 ……………………… 15g
우유 ………………………35ml
달걀노른자 ……………… 1개분
달걀흰자 ………………… 1개분
백설탕 ……………………… 20g

시럽(만들기 쉬운 분량)
물 …………………………50ml
그래뉴당 …………………… 25g
럼주 ……………………2작은술

커스터드크림
백설탕 ……………………… 10g
박력분 ………………………… 6g
우유 ………………………60ml
달걀노른자 ……………… 1개분
무염버터 …………………… 5g
바닐라 에센스 ……………… 약간

디플로매트크림
커스터드크림 ……………… 분량
생크림 ……………………25ml

크로칸트(만들기 쉬운 분량)
그래뉴당 …………………… 30g
물 …………………………1큰술
아몬드 다이스 ……………… 30g

기타
말린 과일(무화과, 크랜베리,
살구, 건포도 등)…………… 30g

미리 준비하기

☐ 오븐팬에 오븐페이퍼를 깐다.
☐ 반죽에 들어갈 우유를 내열용기에
　담아 전자레인지(500W)에
　약 1분간 돌려
　끓기 직전까지 데운다.
☐ 오븐을 180℃로 예열한다.

만들기

1. 수플레 시트를 만든다. 작은 냄비에 버터를 녹인다. 버터가 녹으면 박력분을 넣고 젓는다. 가루가 남지 않도록 잘 섞이면 불을 끈다. 미리 데운 우유를 두세 번에 나눠 부은 다음 달걀노른자를 넣고 섞는다. 체에 걸러 볼에 옮긴다.

2. 다른 볼에 달걀흰자와 백설탕을 넣고 머랭을 만든다. 머랭의 약 3분의 1을 덜어 먼저 1의 볼에 넣고 잘 섞은 다음 남은 머랭도 모두 넣고 섞어준다. 반죽을 틀에 붓고 중탕으로 오븐에서 약 15~16분간 굽는다. 다 구워지면 틀에서 꺼내어 식힌다(P55 참조).

3. 시럽을 만든다. 물, 그래뉴당을 내열용기에 넣고 전자레인지에 약 1분간 돌린다. 열기가 식으면 럼주를 넣는다.

4. 크로칸트를 만든다. 작은 냄비에 그래뉴당과 물을 넣고 한소끔 끓으면 아몬드 다이스를 넣는다. 아몬드가 부서지지 않게 나무 주걱으로 잘 저어 섞다가, 캐러멜색이 되면 오븐시트 위에 넓게 펼친다. 식어서 덩어리가 뭉쳐 있으면 밀대로 가볍게 두드려 적당하게 부순다.

5. 커스터드크림을 만든다. 내열유리 볼에 백설탕과 박력분을 넣어 가볍게 섞는다. 우유를 조금씩 나눠 부으면서 잘 섞는다. 달걀노른자를 넣고 골고루 섞는다.

6. 랩을 씌우지 말고 전자레인지에 1분 동안 돌린 다음 거품기로 골고루 섞는다. 다시 1분간 가열한 다음 버터와 바닐라 에센스를 넣고 남은 열을 이용해 골고루 섞는다. 반죽을 다른 볼에 옮겨 랩을 씌워 식힌다. 어느 정도 식으면 냉장고로 옮겨 차갑게 한다(P19 [4] 참조).

7. 디플로매트크림을 만든다. 먼저 생크림을 볼에 담고 거품기로 뿔이 설 정도까지 8~90% 휘핑한다. 커스터드크림을 거품기로 골고루 저어 부드러운 크림 상태로 만든 다음 생크림을 넣어 전체적으로 얼룩이 생기지 않도록 섞는다.

8. 케이크의 종이를 벗기고 가장자리를 조금씩 자른 다음 표면을 고르게 한다. 시럽을 바르고 그 위에 디플로매트크림을 덧바른 다음 말린 과일을 적당한 크기로 잘라 케이크 시트 앞쪽에 가지런히 올린다. 시트 전체에 크로칸트를 골고루 뿌린 다음 둥글게 만다. 냉장고에 30분~1시간 동안 넣어둔다(P56 [17] 참조).

크로칸트가 남으면
바삭바삭한 크로칸트는 쉽게 눅눅해지므로 건조제를 넣어 밀봉해 두면, 2~3주 동안은 충분히 보관할 수 있어요. 크로칸트를 그냥 먹어도 맛있지만, 아이스크림에 뿌려 먹으면 색다른 맛을 느낄 수 있어요.

part-3

데커레이션이 독특한 롤케이크

아주 특별한
레시피 9

특별한 기념일이나 손님을 맞이하는 날, 기분 좋은 일이 있는 날에는 평소와는 조금 다른 레시피에 도전해 보는 것은 어떨까요? 작은 노력으로도 받는 사람에게 큰 감동을 줄 수 있답니다. 여기에는 화려해서 어려워 보이지만 초보자도 연습하면 쉽게 따라 할 수 있는 여러 가지 데커레이션 방법을 실었습니다. 스펀지케이크에 다양한 무늬를 넣거나 하트 모양 케이크를 만들어보세요. 또한 꽃과 티아라로 장식하고 아이들이 좋아하는 그림을 그려 넣어도 좋답니다.

브쉬 드 노엘

브쉬 드 노엘은 크리스마스 장작이라는 뜻으로,
크리스마스이브에 먹는 장작 모양의 케이크예요.
반죽에 스파이스를 섞어 장작처럼 은은한 갈색 케이크를 굽고
화이트생크림으로 장식해 심플하면서도 세련된 브쉬 드 노엘을 만들어요.

재료

스펀지 시트(공립법)
(13cm × 19.5cm 오븐팬 1개 분량)

달걀(큰 것)	1개
황설탕	25g
박력분	20g
시나몬	$\frac{1}{4}$ 작은술
넛맥, 크로브, 진저 … 각	$\frac{1}{6}$ 작은술
무염버터	5g
우유	1작은술

시럽(만들기 쉬운 분량)

물	50ml
그래뉴당	25g
럼주	2작은술

화이트생크림

생크림	100ml
그래뉴당	10g

기타

슈거파우더, 시나몬, 아라잔 … 약간씩

미리 준비하기

☐ 오븐팬에 오븐페이퍼를 깐다.
☐ 반죽에 들어갈 버터와 우유를 내열용기에 담아 전자레인지(500W)에 약 30초간 돌려 버터를 녹인다.
☐ 오븐을 180℃로 예열한다.

만들기

1. 공립법으로 케이크 시트를 만든다. 볼에 달걀과 황설탕을 넣고 단단하게 거품을 낸 다음 박력분과 향신료를 체에 쳐서 넣는다. 녹인 버터와 우유를 붓고 골고루 섞는다. 반죽을 오븐팬에 넣어 구운 다음 곧바로 팬에서 꺼내어 식힌다(P12 참조).

2. 시럽을 만든다. 물, 그래뉴당을 내열용기에 담아 전자레인지에 약 1분간 돌린다. 열기가 식으면 럼주를 넣는다.

3. 화이트생크림을 만든다. 볼에 생크림과 그래뉴당을 넣고 거품기로 60% 휘핑한다(거품기로 들어 올렸을 때 리본 모양으로 걸쭉하게 떨어질 정도). 휘핑한 크림의 3분의 2를 다른 볼에 덜어내 뿔이 휠 정도까지 7~80% 휘핑한다(롤 속재료). 나머지 3분의 1은 냉장고에 차게 두었다가 롤케이크 겉면을 장식할 때 쓴다.

4. 케이크 시트의 종이를 벗기고 가장자리를 잘라낸 다음 울퉁불퉁한 부분을 다듬어 시트의 표면을 고르게 한다. 케이크 시트에 시럽을 바르고 그 위에 휘핑한 화이트생크림을 덧바른 다음 둥글게 만다. 냉장고에 30분~1시간 정도 넣어둔다(P13 [9]~P14 참조).

5. 스패출러로 따로 냉장고에 넣어둔 화이트생크림($\frac{1}{3}$ 분량)을 롤케이크 겉에 바른 다음. 통나무처럼 보이도록 포크로 긁어 모양을 낸다. 케이크의 3분의 1쯤 되는 곳에서 비스듬하게 커팅해서 접시에 올린다. 슈퍼파우더를 분당체로 솔솔 뿌리고, 시나몬과 아라잔으로 장식한다.

쇼콜라 체리 롤

초콜릿크림을 케이크에 듬뿍 바르고 글라사주 쇼콜라로
초콜릿의 진한 맛을 더한 롤케이크입니다.
글라사주 쇼콜라는 코팅용 초콜릿크림으로,
달지 않고 쌉싸래한 맛이 나 체리와 아주 잘 어울리지요.

재료

코코아 시트(공립법)
(13cm×19.5cm 오븐팬 1개 분량)
달걀(큰 것) ···································· 1개
백설탕 ··· 25g
박력분 ··· 20g
코코아파우더 ·································· 3g
무염버터 ······································· 5g
우유 ······································· 1작은술
시럽(만들기 쉬운 분량)
물 ··· 50ml
그래뉴당 ······································ 25g
마라스키노 ································ 2작은술
(없으면 키어시)
초콜릿크림
스위트초콜릿 ·································· 15g
생크림 ··· 80ml
글라사주 쇼콜라(만들기 쉬운 분량)
스위트초콜릿 ·································· 50g
생크림 ··· 30ml
기타
다크체리 ································· 약 10알
금박 ·· 약간

· 접시에 장식한 체리는 별도.

미리 준비하기

□ 오븐팬에 오븐페이퍼를 깐다.
□ 반죽에 들어갈 버터와 우유를
   내열용기에 담아
   전자레인지(500W)에 약 30초간
   돌려 버터를 녹인다.
□ 오븐을 180℃로 예열한다.

만들기

1. 공립법으로 케이크 시트를 만든다. 볼에 달걀과 백설탕을 넣고 단단하게 거품을 낸다. 박력분과 코코아파우더를 섞어 체에 쳐서 넣는다. 여기에 녹인 버터와 우유를 붓고 골고루 섞는다. 반죽을 오븐팬에 넣어 구운 뒤 곧바로 틀에서 꺼내어 식힌다(P12 참조).

2. 시럽을 만든다. 물, 그래뉴당을 내열용기에 담아 전자레인지에 약 1분간 돌린다. 열기가 식으면 마라스키노(없을 때는 키어시)를 넣는다.

3. 초콜릿크림을 만든다. 스위트 초콜릿을 잘게 다져 볼에 넣고 50℃에서 중탕으로 완전히 녹인다.

4. 중탕한 용기에서 볼을 꺼내고 생크림을 조금씩 부으면서 덩어리가 생기지 않도록 거품기로 잘 젓는다. 들어올렸을 때 걸쭉하게 쌓일 정도까지 거품기로 60% 휘핑한 다음 사용하기 전까지 크림을 냉장고에 보관한다.

5. 글라사주 쇼콜라를 만든다. 스위트초콜릿을 잘게 다져 볼에 넣고 50℃에서 중탕으로 완전히 녹인다. 생크림은 전자레인지에 약 30초간 돌려 데운다. 녹은 초콜릿에 생크림을 넣고 실리콘 주걱으로 살살 저어 완전히 섞는다.

6. 4의 초콜릿크림에서 절반을 다른 볼에 덜어서 거품기로 뿔이 휠 정도까지 7~80% 휘핑한다.

7. 케이크 시트의 종이를 벗기고 가장자리를 잘라낸 다음 울퉁불퉁한 부분을 다듬어 시트의 표면을 고르게 한다. 케이크 시트에 시럽을 바르고 그 위에 6에서 단단히 휘핑해 놓은 초콜릿크림을 덧바른다. 시트 앞쪽에 그리오트를 한줄로 가지런히 올리고 둥글게 만다. 냉장고에 30분~1시간 정도 넣어둔다(P13 [9]~P14 참조).

8. 6에서 남겨두었던 초콜릿크림을 스패출러로 케이크 표면에 거칠게 바른다. 글라사주 쇼콜라를 군데군데 뿌리고, 남은 그리오트를 케이크 위에 올리고 금박으로 장식한다.

몽블랑 롤

폭신폭신한 수플레 케이크에 커스터드크림과 밤을 넣고
생크림과 마롱 페이스트를 듬뿍 올려 장식한 케이크입니다.
친숙한 몽블랑 케이크도 롤케이크로 만들면
색다른 느낌이 되지요.

재료

수플레 시트
(13cm×19.5cm 오븐팬 1개 분량)
무염버터 ······························· 10g
박력분 ································· 15g
우유 ·································· 35ml
달걀노른자 ·························· 1개분
달걀흰자 ····························· 1개분
백설탕 ································· 20g

시럽(만들기 쉬운 분량)
물 ··································· 50ml
그래뉴당 ····························· 25g
럼주 ······························· 2작은술

커스터드크림
백설탕 ································· 10g
박력분 ·································· 6g
우유 ·································· 60ml
달걀노른자 ·························· 1개분
무염버터 ································ 5g
바닐라 에센스 ·························· 약간

화이트생크림
생크림 ································· 80ml
그래뉴당 ································ 8g

몽블랑 페이스트(만들기 쉬운 분량)
마롱 페이스트(시판 제품) ······· 150g
럼주 ······················· 1$\frac{1}{2}$ 작은술
무염버터 ······························ 30g

기타
밤 조림 ················· 1$\frac{1}{2}$~2알
슈거파우더 ························· 적당량

미리 준비하기

☐ 오븐팬에 오븐페이퍼를 깐다.
☐ 반죽에 들어갈 우유를 내열용기에
  담아 전자레인지(500W)에
  약 1분간 돌려
  끓기 직전까지 데운다.
☐ 몽블랑 페이스트에 들어갈
  버터는 미리 실온에 꺼낸다.
☐ 짤주머니 2개, 지름 1cm의 원형
  깍지, 몽블랑용 깍지(사진를)
  준비한다.
☐ 오븐을 180℃로 예열한다.

만들기

1. 수플레 시트를 만든다. 작은 냄비에 버터를 녹인다. 버터가 녹으면 박력분을 넣는다. 가루가 남지 않도록 잘 섞이면 불을 끈다. 데운 우유를 두세 번에 나눠 부은 다음 달걀노른자를 넣고 섞는다. 체에 걸러 볼에 옮긴다.

2. 다른 볼에 달걀흰자와 백설탕을 넣어 머랭을 만든다. 머랭의 약 3분의 1을 덜어 **1**의 볼에 먼저 넣고 잘 섞은 다음 남은 머랭도 모두 넣어 섞는다. 반죽을 틀에 붓고 중탕으로 오븐에서 약 15~16분간 굽는다. 다 구워지면 틀에서 꺼내어 식힌다(P55 참조).

3. 시럽을 만든다. 물, 그래뉴당을 내열용기에 넣고 전자레인지에 약 1분간 돌린다. 열기가 식으면 럼주를 넣는다.

4. 커스터드크림을 만든다. 내열 유리 볼에 백설탕과 박력분을 넣고 저은 다음 우유를 조금씩 부어가며 섞는다. 여기에 달걀노른자를 넣고 골고루 섞는다.

5. 랩을 씌우지 말고 전자레인지에 1분간 돌리고 거품기로 골고루 섞은 다음 1분간 더 가열한다. 분량의 버터와 바닐라 에센스를 넣고 남은 열을 이용해 잘 섞는다. 크림을 다른 볼로 옮기고 랩을 씌워 식힌 다음 냉장고에 차갑게 넣어둔다(P19 [4] 참조).

6. 화이트생크림을 만든다. 볼에 생크림, 그래뉴당을 넣고 거품기로 들어올렸을 때 걸쭉하게 리본처럼 쌓일 정도까지 휘핑한다(60% 휘핑). 사용하기 전까지 냉장고에 넣어둔다.

7. 몽블랑 페이스트를 만든다. 볼에 마롱 페이스트를 넣고 실리콘 주걱으로 계속 저어 크림 상태가 되면, 럼주를 붓고 잘 섞는다. 미리 실온에 꺼내놓은 버터를 두 번에 나눠 넣은 다음 핸드믹서로 공기가 적당히 들어가도록 잘 섞는다.

8. 케이크의 종이를 벗기고 가장자리를 조금씩 자른 다음 울퉁불퉁한 부분을 제거해 표면을 고르게 한다. 시트에 시럽을 바르고 그 위에 커스터드크림을 덧바른 다음 적당한 크기로 자른 밤을 케이크 앞쪽에 올려 둥글게 만다. 냉장고에 30분~1시간 동안 넣어둔다(P56 [17] 참조).

9. 케이크를 삼등분한 다음 잘린 단면이 위에 오게 한다. **6**에서 만든 화이트생크림을 냉장고에서 꺼내, 거품기로 뿔이 휠 정도까지 80% 휘핑한다. 원형 깍지를 끼운 짤주머니에 넣고 롤케이크 위에 듬뿍 산처럼 짜준다. 몽블랑용 깍지를 끼운 짤주머니에 몽블랑 페이스트를 넣고 화이트생크림을 감싸듯이 아래에서 위로 돌려가며 짠다. 접시에 담은 후 슈거파우더를 분당체로 솔솔 뿌려 장식한다.

할로윈 롤

단호박크림이 듬뿍 들어간 롤케이크는 평소에도 인기가 많지만,
할로윈에는 더욱 특별한 기분을 내게 해주죠.
초콜릿펜과 코코아파우더를 이용해
할로윈에 어울리는 그림과 장식으로 꾸며보세요.

재료

초코칩 스펀지 시트(공립법)
(13cm×19.5cm 오븐팬 1개 분량)

달걀(큰 것) ····························· 1개
백설탕 ································· 25g
박력분 ································· 20g
스위트초콜릿 ··························· 5g
무염버터 ······························ 5g
우유 ······························ 1작은술

시럽(만들기 쉬운 분량)

물 ·································· 50ml
그래뉴당 ······························ 25g
럼주 ································· 2작은술

단호박크림

단호박(껍질과 씨 제거) ··········· 60g
생크림 ······························ 100ml
그래뉴당 ······························ 15g

기타

호박씨, 초코볼(주황색)···········적당량
초콜릿 펜
(짤주머니에 글라사주 쇼콜라를 넣어
사용해도 된다. P69.)
코코아파우더 ·······················적당량

미리 준비하기

□ 오븐팬에 오븐페이퍼를 깐다.
□ 반죽에 들어갈 버터와 우유를
　내열용기에 담아
　전자레인지(500W)에 약 30초간
　돌려 버터를 녹인다.
□ 오븐을 180℃로 예열한다.

만들기

1. 공립법으로 케이크 시트를 만든다. 초콜릿은 잘게 다져 가루를 만든다. 볼에 달걀과 백설탕을 넣고 단단하게 거품을 낸다. 박력분을 체에 내려 넣은 다음 녹인 버터와 우유를 부어서 다시 골고루 섞는다. 반죽을 틀에 넣어 오븐에 굽는다. 다 구워지면 곧바로 틀에서 꺼내어 식힌다(P12 참조).

2. 시럽을 만든다. 물, 그래뉴당을 내열용기에 담아 전자레인지에 약 1분간 돌린다. 열기가 식으면 럼주를 넣는다.

3. 단호박 생크림을 만든다. 단호박은 찜통에 찌거나 전자레인지에 3~4분 정도 돌려 젓가락이 쑥 들어갈 정도로 익힌다. 뜨거운 상태에서 체에 거른 뒤 식힌다.

4. 볼에 생크림과 그래뉴당을 넣고 거품기로 들어올렸을 때 걸쭉하게 리본처럼 쌓일 정도까지 60% 휘핑한다. 생크림을 3에 조금씩 넣어가며 덩어리가 생기지 않도록 잘 섞은 다음 사용하기 직전까지 냉장고에 넣어둔다.

5. 케이크 시트의 종이를 벗기고 가장자리를 잘라낸 다음 울퉁불퉁한 부분을 다듬어 시트의 표면을 고르게 한다. 케이크 시트에 시럽을 바르고 단호박크림의 2분의 1을 덧바른 다음 케이크를 둥글게 만다. 냉장고에 30분~1시간 정도 넣어둔다(P13 [9]~P14 참조).

6. 나머지 단호박크림은 케이크 표면에 골고루 바르고, 스패출러로 크림을 가볍게 두드려 뾰족한 모양을 만든다. 호박씨와 초코볼을 올려 장식한다.

7. 초콜릿 펜 등을 이용해 접시 위에 박쥐 유령 그림을 그리고, 코코아파우더를 분당체로 솔솔 뿌린다.

코코아파우더로 접시 장식하기

원하는 모양으로 종이를 오려 접시 위에 올린 다음 그 위에 코코아파우더를 뿌리면 접시 위에 그림의 형태가 그대로 나타나 재미있게 장식할 수 있어요.

코코아파우더를 뿌린 다음에 형태를 흐트러뜨리지 않고 종이를 그대로 들어올릴 수 있도록 미리 투명테이프로 손잡이를 만들어 두세요. 접시 위에 종이를 올리고 코코아파우더를 뿌린 다음 핀셋으로 손잡이를 살짝 들면 되지요.

밸런타인 롤

핑크색 라즈베리크림을 코코아 케이크로 말아
하트 모양 롤케이크를 만들었어요.
밸런타인데이나 생일처럼 특별한 날에
정성을 담아 만들어 예쁘게 포장해서 선물해 보세요.

재료

코코아 스펀지 시트(별립법)
(13cm×19.5cm 오븐팬 1개 분량)

달걀흰자	1개분
백설탕	25g
달걀노른자	1개분
박력분	10g
옥수수전분	5g
코코아파우더	3g
무염버터	8g

시럽(만들기 쉬운 분량)

물	50ml
그래뉴당	25g
럼주	2작은술

라즈베리크림

라즈베리	약 40g
슈거파우더	6g
생크림	50ml

미리 준비하기

☐ 두꺼운 종이를 한 변의 길이가 20cm인 정사각형 모양으로 자른다. 반으로 살짝 접은 다음 접힌 부분에 칼집을 낸다.

☐ 오븐팬에 오븐페이퍼를 깐다.
☐ 반죽에 들어갈 버터를 내열용기에 담아 전자레인지(500W)에 약 30초간 돌려 녹인다.
☐ 오븐을 180℃로 예열한다.

만들기

1. 별립법 반죽을 만든다. 볼에 달걀흰자와 백설탕을 넣고 핸드믹서로 저어 들어올리면 뿔이 설 정도로 단단한 머랭을 만든다. 달걀노른자를 풀어 머랭에 넣고 골고루 섞는다.

2. 박력분, 옥수수전분, 코코아파우더를 체에 쳐서 넣고, 가루가 남지 않을 때까지 잘 섞는다. 녹인 버터를 넣고 얼룩이 없어질 때까지 저은 다음 완성된 반죽을 틀에 넣고 오븐에 약 9분간 굽는다. 다 구워지면 곧바로 틀에서 꺼내어 식힌다(P47 참조).

3. 시럽을 만든다. 물, 그래뉴당을 내열용기에 넣고 전자레인지에 약 1분간 돌린다. 열기가 식으면 럼주를 넣는다.

4. 라즈베리크림을 만든다. 라즈베리를 으깨고 촘촘한 체로 씨앗을 걸러내 퓌레처럼 만든다. 볼에 퓌레 25g과 슈거파우더를 넣고 잘 섞는다. 여기에 생크림을 넣고 거품기로 뿔이 휠 정도로 7~80% 휘핑한다.

5. 케이크 시트의 종이를 벗기고 가장자리를 잘라낸 다음 울퉁불퉁한 부분을 다듬어 시트의 표면을 고르게 한다. 케이크 시트의 정중앙에 1mm 정도 세로로 칼집을 낸 다음 시트를 뒤집는다. 칼을 눕혀 시트 양끝을 비스듬히 자른다. 오븐페이퍼를 케이크 시트보다 크게 자른 다음 그 위에 케이크를 올린다.

6. 시럽을 바르고 그 위에 라즈베리크림을 덧바른다. 이때 가운데 부분은 좀 더 얇게 바른다. 크림을 모두 바르면 케이크의 양쪽 끝을 살짝 구부린다. 케이크를 담은 그릇(우유 팩을 펼친 것 등) 위에 랩을 깔고 준비해 둔 두꺼운 종이를 V자 형태로 만든 다음 그 위에 케이크를 오븐페이퍼에 놓인 채로 올린다. 케이크를 하트 모양으로 다듬어서 랩에 싼 다음 냉장고에 30분~1시간 정도 넣어둔다.

예쁘게 포장해요!

하트가 보이도록 투명한 봉투로

붉은색 냅킨을 반으로 두 번 접은 다음 양쪽 끝에 주름을 잡아 투명 셀로판 봉투에 넣어주세요. 롤케이크를 냅킨 위에 올리고 리본이나 하트 장식이 달린 줄 등으로 봉투를 묶으면 완성!

살구 라운드 롤

스펀지케이크를 길게 잘라 이어서 말아주면 원형 케이크를
만들 수 있어요. 케이크 시트 두 장으로 만들면
지름이 15cm 정도인 케이크가 완성되지요.
잘라보면 케이크와 크림이 세로로 예쁜 층을 이룬답니다.
살구를 넣은 버터크림으로 롤을 단단하게 고정해 주세요.

재료

스펀지 시트(공립법)
(13cm×19.5cm 오븐팬 2개 분량)
달걀(큰 것) ·······················2개
백설탕 ·························· 50g
박력분 ·························· 40g
무염버터 ························ 10g
우유 ························2작은술
시럽(만들기 쉬운 분량)
물 ···························· 100ml
그래뉴당 ························ 50g
살구 리큐어 ·················4작은술
살구버터크림
살구(통조림) ····················· 80g
달걀흰자 ······················3개분
그래뉴당 ························ 120g
무염버터 ························ 150g
브랜디 ·······················1큰술
기타
살구(통조림) ··················· 1조각
민트 잎 ·······················약간

미리 준비하기

☐ 오븐팬에 오븐페이퍼를 깐다.
☐ 반죽에 들어갈 버터와 우유를
   내열용기에 담아
   전자레인지(500W)에 약 1분간
   돌려 버터를 녹인다.
☐ 살구버터크림에 들어갈 버터는
   미리 실온에 꺼내둔다.
☐ 오븐을 180℃로 예열한다.

만들기

1. 공립법으로 케이크 시트를 만
든다. 볼에 달걀과 백설탕을 넣
고 단단하게 거품을 낸다. 박력분을 체
에 쳐서 넣은 다음 녹인 버터와 우유
를 부어 골고루 섞는다. 반죽을 틀에
넣고 오븐에 구워 케이크 시트 두 장
을 만든다. 다 구워지면 곧바로 틀에서
꺼내어 식힌다(P12 참조).

2. 시럽을 만든다. 물, 그래뉴당을
내열용기에 담아 전자레인지
에 약 2분간 돌린다. 열기가 식으면 살
구 리큐어를 넣는다.

3. 살구버터크림을 만든다. 살구
는 물기를 빼고 블렌더에 갈아
퓌레 상태를 만든다.

4. 스테인리스 볼에 달걀흰자와
그래뉴당을 넣고 거품기로 잘
섞는다. 스테인리스 볼을 불에 올리고
흰자가 굳지 않도록 거품기로 계속 저
어가며 47~48℃(목욕물보다 조금 뜨
거운 정도)가 될 때까지 가열한다.

5. 불에서 내린 다음 부드러운 머
랭이 될 때까지 핸드믹서로 휘
핑한다. 실온에 꺼내놓은 버터를 서너
번에 나눠 넣는다. 버터를 넣을 때마다
핸드믹서로 잘 섞는다.

6. 부드러운 크림 상태가 되면 3
의 살구 퓌레를 넣어 잘 섞고,
브랜디를 첨가해 다시 골고루 섞는다.

7. 케이크 시트의 종이를 벗기고
가장자리를 잘라낸 다음 울퉁
불퉁한 부분을 다듬어 시트의 표면을
고르게 한다. 케이크 시트 두 장에 모
두 시럽을 바르고 살구버터크림을 두
장의 시트에 나누어 바른다. 케이크 시
트를 가로로 길게 삼등분한다.

8. 케이크 시트 한 장을 롤 모양으
로 둥글게 만 다음 단면이 위로
오게 놓는다. 이를 중심으로 나머지 케
이크 시트를 이어서 돌돌 감는다. 냉장
고에 30분 정도 두었다가 꺼내서 남은
살구버터크림을 표면에 골고루 바르고
얇게 썬 살구와 민트로 장식한다.

플라워 롤

롤케이크를 장식한 꽃은 리치 리큐어를 넣은 버터크림이에요.
꽃향기가 나는 리치 리큐어는 플라워 롤에 안성맞춤이죠.
새콤달콤한 베리와도 잘 어울리므로
롤케이크 안에는 라즈베리를 넣었답니다.

재료

스펀지 시트 (공립법)
(13cm × 19.5cm 오븐팬 1개 분량)
달걀(큰 것) ························· 1개
백설탕 ···························· 25g
박력분 ···························· 20g
무염버터 ··························· 5g
우유 ·························· 1작은술
시럽(만들기 쉬운 분량)
물 ······························ 50ml
그래뉴당 ························· 25g
리치 리큐어 ················· 2작은술
리치버터크림(만들기 쉬운 분량)
달걀흰자 ······················· 2개분
그래뉴당 ·························· 80g
무염버터 ························· 100g
리치 리큐어 ················· $\frac{1}{2}$ 큰술
기타
라즈베리 ·························· 7알
아라잔 ···························· 약간

미리 준비하기

☐ 오븐팬에 오븐페이퍼를 깐다.
☐ 반죽에 들어갈 버터와 우유를
　 내열용기에 담아
　 전자레인지(500W)에 약 30초간
　 돌려 버터를 녹인다.
☐ 리치버터크림에 들어갈 버터는
　 미리 실온에 꺼내둔다.
☐ 장미 깍지(사진)를 끼운
　 짤주머니를 준비한다.
☐ 오븐을 180℃로 예열한다.

만들기

1. 공립법으로 케이크 시트를 만든다. 볼에 달걀과 백설탕을 넣고 단단하게 거품을 낸다. 박력분을 체에 쳐서 넣은 다음 녹인 버터와 우유를 부어서 다시 골고루 섞는다. 반죽을 틀에 넣어 오븐에 굽는다. 다 구워지면 곧바로 틀에서 꺼내어 식힌다(P12 참조).

2. 시럽을 만든다. 물, 그래뉴당을 내열용기에 담아 전자레인지에 약 1분간 돌린다. 열기가 식으면 리큐어를 넣는다.

3. 리치버터크림을 만든다. 스테인리스 볼에 달걀흰자, 그래뉴당을 넣고 잘 섞은 다음 불에 올린다. 흰자가 굳지 않도록 저어가며 47~48℃가 될 때까지 가열한다(P77 [4] 참조).

4. 불에서 내린 다음 크리미한 머랭이 될 때까지 핸드믹서로 휘핑한다. 실온에 꺼내놓은 버터를 서너 번에 나눠 넣고 잘 섞은 다음 다시 리큐어를 첨가해 골고루 섞는다.

5. 케이크 시트의 종이를 벗기고 가장자리를 잘라낸 다음 울퉁불퉁한 부분을 다듬어 시트의 표면을 고르게 한다. 시럽을 바른 다음 그 위에 버터크림의 4분의 1 정도를 덧바른다. 시트 앞쪽에 라즈베리를 가지런히 올린 다음 케이크 시트를 둥글게 만다. 냉장고에 30분~1시간 정도 넣어둔다(P13 [9]~P14 참조).

6. 남은 버터크림을 짤주머니에 넣는다. 푸딩 컵을 엎어놓고 그 위에 장미 깍지의 넓은 쪽이 위로 가도록 해서 부채꼴 모양으로 꽃잎을 대여섯 장 짠다. 꽃잎 중앙에 아라잔을 올리고 그대로 냉장고에 10분 정도 차게 굳힌다.

7. 롤케이크 위에 6에서 만든 꽃을 올려 장식한다. 롤케이크 옆면에 꽃을 올릴 때는 볼에 남아 있는 크림을 접착제처럼 사용하면 편리하다.

예쁘게 포장해요!

플라워 프린트 상자

예쁜 플라워 프린트 상자를 열었더니 화사한 꽃으로 장식한 롤케이크가 쨘 생각만 해도 즐겁지 않으세요? 롤케이크 옆에 꽃을 장식하면 상자 속에서 움직여 망가질 수 있으므로 선물할 때는 롤케이크 위에 꽃 장식을 하는 것이 좋습니다.

고양이 프린트 롤케이크

파타 데코르라는 쿠키 반죽을 사용하면
스펀지케이크에 원하는 모양을 그려 넣을 수 있어요.
귀여운 고양이 무늬로 반죽을 짜 넣은 위에
걸쭉한 스펀지케이크 반죽을 부어 고온에서 빠르게 구우면 되지요.

재료

파타 데코르(만들기 쉬운 분량)
무염버터 ································· 40g
슈거파우더 ···························· 40g
달걀흰자 ···························· 1개분
박력분 ································· 40g
코코아파우더 ······················적당량

스펀지 시트 (공립법)
(13cm×19.5cm 오븐팬 1개 분량)
달걀(큰 것) ···························1개
백설탕 ································· 25g
박력분 ································· 20g
무염버터 ······························· 5g
우유 ································· 1작은술

시럽(만들기 쉬운 분량)
물 ·································· 50ml
그래뉴당 ····························· 25g
브랜디 ······························ 2작은술

초콜릿크림
스위트초콜릿 ·························· 10g
생크림 ······························ 50ml

미리 준비하기

□ 오븐팬에 오븐페이퍼를 깐다.
□ 반죽에 들어갈 버터와 우유를
  내열용기에 담아
  전자레인지(500W)에 약 30초간
  돌려 버터를 녹인다.
□ 파타 데코르에 들어갈 버터는
  미리 실온에 꺼내둔다.
□ 오븐을 230℃로 예열한다.

만들기

1. 파타 데코르(Pate a decor)를 만든다. 실온에 미리 꺼내놓은 버터와 슈거파우더를 볼에 넣고 부드러운 크림 상태가 될 때까지 핸드믹서로 젓는다.

2. 버터가 흰색에 가까워지면 달걀흰자를 두세 번에 나눠 넣으며 잘 섞는다.

3. 박력분을 체에 쳐서 넣고 실리콘 주걱으로 잘 섞어 부드러운 반죽을 만든다. 원하는 색이 나올 때까지 코코아파우더를 체에 쳐서 섞어준다.

4. 오븐페이퍼를 원뿔 모양으로 둥글게 만 다음 끝을 살짝 잘라 짤주머니를 만들고 3을 넣는다. 오븐팬 크기의 실리콘페이퍼에 짤주머니로 원하는 모양을 그려 넣는다. 밑그림을 그려 실리콘페이퍼 밑에 깔아놓고 그리면 쉽다. 실리콘페이퍼를 오븐팬에 깔고 냉동실에 넣어 굳힌다.

5. 공립법으로 케이크 시트를 만든다. 볼에 달걀과 백설탕을 넣고 핸드믹서를 이용해 폭신하게 거품을 낸다. 박력분을 체에 쳐서 넣은 다음 녹인 버터와 우유를 부어 걸쭉해질 때까지 거품기로 힘차게 저어준다.

6. 냉동고에 넣었던 4의 오븐팬을 꺼내 케이크 반죽을 붓고 두께를 일정하게 고른다. 오븐에서 약 1~2분간 굽는다. 다 구워지면 곧바로 팬에서 꺼내어 식힌다.

7. 시럽을 만든다. 물, 그래뉴당을 내열용기에 담아 전자레인지에 약 1분간 돌린다. 열기가 식으면 브랜디를 넣는다.

8. 초콜릿크림을 만든다. 스위트 초콜릿을 잘게 다져 볼에 넣고 50℃에서 중탕을 하여 완전히 녹인다. 볼을 꺼내어 생크림을 조금씩 부어가며 골고루 저어 섞고, 거품기로 뿔이 휠 정도까지 7~80% 거품을 낸다.

9. 케이크 시트의 종이와 실리콘페이퍼를 벗기고 가장자리를 조금씩 잘라낸 다음 표면을 고르게 한다. 시럽을 바르고 그 위에 초콜릿크림을 덧발라 둥글게 만다. 냉장고에 30분~1시간 동안 넣어둔다(P13 [9]~P14 참조).

* 파타 데코르의 반죽이 남으면 오븐에 구워 쿠키를 만들면 된답니다.

티아라 롤

쿠키 반죽인 파타 데코르를 이용해 스펀지케이크에
무늬를 넣어봤어요. 파타 데코르 반죽으로
작은 티아라를 만들어 롤케이크를 장식했더니 너무 귀엽네요.

재료

파타 데코르(만들기 쉬운 분량)
무염버터 ……………………………… 40g
슈거파우더 …………………………… 40g
달걀흰자 …………………………… 1개분
박력분 ………………………………… 40g
식용색소(기호대로) … 귀이개 $\frac{1}{5}$ 정도
스펀지 시트(공립법)
(13cm×19.5cm 오븐팬 1개 분량)
달걀(큰 것) ………………………… 1개
백설탕 ………………………………… 25g
박력분 ………………………………… 20g
무염버터 ……………………………… 5g
우유 …………………………… 1작은술
시럽(만들기 쉬운 분량)
물 ……………………………… 50ml
그래뉴당 ……………………………… 25g
그랑 마르니에 ……………… 2작은술
화이트생크림
생크림 ………………………… 50ml
그래뉴당 ……………………………… 5g
기타
아라잔, 데코펜 ………………… 적당량

미리 준비하기

☐ 오븐팬에 오븐페이퍼를 깐다.
☐ 반죽에 들어갈 버터와 우유를
  내열용기에 담아
  전자레인지(500W)에 약 30초간
  돌려 버터를 녹인다.
☐ 파타 데코르에 들어갈 버터는
  미리 실온에 꺼내둔다.
☐ 오븐을 190℃로 예열한다.

만들기

1. 파타 데코르를 만든다. 실온에 미리 꺼내놓은 버터와 슈거파우더를 볼에 담아 부드러운 크림 상태가 될 때까지 핸드믹서로 젓는다.

2. 버터가 흰색에 가까워지면 달걀흰자를 두세 번에 나눠 넣어가며 잘 섞는다.

3. 박력분을 체에 쳐서 넣고 실리콘 주걱으로 잘 섞어 부드러운 반죽을 만든다. 반죽의 3분의 1을 다른 볼에 옮겨 담고, 최소한의 물만 넣어 녹인 식용색소를 꼬치로 찍어 넣으면서 원하는 색이 나올 때까지 섞는다.

4. 오븐페이퍼를 원뿔 모양으로 둥글게 만 다음 끝을 살짝 잘라 짤주머니를 만들고 3에서 색을 입힌 반죽을 넣는다. 오븐팬 사이즈의 실리콘페이퍼에 짤주머니로 원하는 모양을 그려 넣는다. 실리콘페이퍼를 오븐팬에 깔고 냉동실에 넣어 굳힌다.

5. 3에서 색소를 넣지 않은 나머지 반죽을 다른 짤주머니에 담아. 실리콘 페이퍼 위에다 길이 12cm, 폭 1.5cm 정도로 티아라 모양의 띠를 만든다. 밑그림을 그려서 실리콘페이퍼 밑에 깔아두면 쉽게 그릴 수 있다.

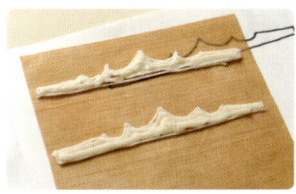

6. 오븐에서 약 2분간 구워서 식기 전에 밀대나 다 쓴 랩 심지 등에 감아 동그랗게 만다.

＊파타 데코르 반죽이 남으면 오븐에 구워 쿠키를 만드세요.

7. 공립법으로 케이크 시트를 만든다. 오븐은 미리 230℃로 예열한다. 볼에 달걀과 백설탕을 넣고 핸드믹서를 이용해 폭신하게 거품을 낸다. 박력분을 체에 쳐서 넣은 다음 녹인 버터와 우유를 부어서 걸쭉해질 때까지 거품기로 골고루 섞는다.

8. 냉동실에 넣었던 4의 틀을 꺼내어 반죽을 붓고 두께를 균일하게 고른다. 오븐에서 약 1~2분간 구운 뒤 곧바로 틀에서 꺼내어 식힌다.

9. 시럽을 만든다. 물, 그래뉴당을 내열용기에 담아 전자레인지에 약 1분간 돌린다. 열기가 식으면 그랑 마르니에를 넣는다.

10. 화이트생크림을 만든다. 볼에 생크림과 그래뉴당을 넣고 거품기로 뿔이 휠 정도까지 7~80% 거품을 낸다.

11. 케이크 시트의 종이와 실리콘페이퍼를 벗기고 가장자리를 조금씩 잘라낸 다음 두께를 균일하게 고른다. 시럽을 바르고 그 위에 생크림을 덧발라 둥글게 만다. 냉장고에 30분~1시간 동안 넣어둔다(P13 [9]~P14 참조).

12. 6에서 만든 티아라에 데코펜을 접착제 삼아 아라잔을 붙이고, 적당한 길이로 잘라서 단면이 위로 가도록 눕힌 롤케이크 위에 올린다.

롤케이크 Q&A

롤케이크는 스펀지케이크와 크림만 있으면 만들 수 있는
아주 간단한 케이크입니다.
하지만 처음에는 누구나 레시피에 적힌 대로 따라 해도
생각한 대로 잘 나오지 않고 허둥대기 마련이죠.
스펀지케이크를 만드는 방법부터 롤케이크를 예쁘게 마는 방법,
보관 방법까지 롤케이크를 만들 때 자주 나오는 문제들을 모아봤습니다.

Q 1

손바닥 크기의 틀을
구할 수가 없어요!

이 책에서는 13cm×19.5cm 크기의
오븐팬을 사용합니다. 하지만 주변에
서 구하기 어렵다면 직접 만들 수도 있
어요. 사진처럼 두꺼운 종이를 잘라 틀
을 만들고 알루미늄 포일로 싸기만 하
면 된답니다. 완성된 틀을 오븐팬이나
내열 용기에 담은 후 오븐페이퍼를 깔
고 반죽을 붓습니다.
틀을 담는 오븐팬이나 내열 용기는 바
닥이 평평한 제품을 사용해야 합니다.
오븐팬 가운데가 움푹 들어가거나 반
대로 볼록하게 튀어나온 제품을 사용
하면 스펀지케이크를 일정한 두께로
구울 수 없기 때문이죠.
수플레 반죽은 중탕으로 익히기 때문
에 틀 안에 물이 들어가지 않도록 조심
해야 합니다. 중탕에 사용하는 물의 양
이 많지 않으므로, 종이로 만든 틀도
알루미늄 포일로 단단히 싸면 별 문제
는 없습니다.
이렇게 만든 종이 틀은 크게 더러워지
지 않는 이상 여러 번 사용할 수 있고,
종이 틀을 사용했을 때 굽는 시간이 조
금 줄어들 수 있습니다. 케이크의 상태
를 살펴가며 굽는 시간을 조절하세요.

종이 틀 만들기

① 4cm×40cm
정도의 두꺼운 종
이를 두 장 준비
한다. 길이 13cm
인 지점과 그로부
터 19.5cm 떨어
진 지점에 칼집을
넣는다.

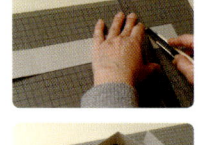

② 칼집을 넣은 부
분을 직각으로 접
어 틀을 만든다.

③ 종이가 겹쳐진
귀퉁이 쪽에 스테
이플러로 위아래
두 곳을 찍어 단단
하게 고정한다.

④ 종이 틀 전체를
알루미늄 포일로
감싼 다음 벗겨지
지 않도록 스테이
플러를 찍는다.

●완성

Q 2

밑판이 분리되는 틀을
사용해도 되나요?

밑판이 분리되는 틀도 공립법이나 별
립법 반죽을 사용할 때는 아무 문제
없이 사용할 수 있어요. 다만 중탕을
해야 하는 수플레 반죽은 앞서 설명한
종이 틀처럼 물이 들어오는 것을 막기
위해 바깥 면을 알루미늄 포일로 감싸
주어야 합니다.

수플레 시트를 만들 때

종이 틀이나 분리형 틀을 사용할 때는 물
이 들어가지 않도록 틀 전체를 알루미늄
포일로 싼다.

Q3

스펀지케이크가
부풀지 않아요!

여러 가지 원인이 있을 수 있지만, 보통 달걀 거품이 부족한 탓일 경우가 많습니다. 공립법 반죽일 경우 달걀과 설탕이 풍성한 거품을 만들 때까지 저어야 합니다. 별립법 반죽이나 수플레 반죽에서 머랭을 만들 때는 들어올렸을 때 뿔 모양이 휘지 않고 그대로 서 있는 정도까지 단단하게 거품을 내야 합니다.

반대로 반죽을 지나치게 많이 저어도 케이크가 부풀지 않는 원인이 될 수 있습니다. 너무 많이 저으면 달걀 속의 공기가 빠져나가 버리므로, 섞을 때 주걱을 세워 크게 자르듯이 저어줍니다.

거품이 꺼지지 않도록 섞는 방법

공립법 반죽은 박력분을 체에 쳐서 넣고 자르듯이 섞습니다. 반죽하는 느낌으로 섞으면 거품이 쉽게 꺼지므로 주의하세요.

별립법 반죽은 머랭에 달걀노른자를 섞어 마블 상태가 되었을 때 가루를 넣어 크게 섞습니다.

Q4

스펀지케이크에
구멍이 뚫렸어요!

공립법이나 별립법 반죽은 박력분을 넣을 때 충분히 섞지 않으면 구멍이 생길 수 있습니다. 거품을 낸 달걀에 박력분을 넣고 가루가 하나도 보이지 않을 때까지 주걱으로 볼 밑바닥부터 반죽을 들어올리듯이 섞어줍니다.

수플레 반죽은 머랭을 넣을 때 주의가 필요합니다. 머랭이 뭉쳐 있으면 나중에 케이크에 구멍이 생기기 쉽습니다. 그렇다고 너무 많이 저으면 거품이 꺼져버리므로 머랭과 달걀노른자가 얼룩 없이 잘 섞이도록 많이 연습해 보세요.

케이크에 뚫린 구멍 감추기

분당체를 이용해 케이크 표면에 슈거파우더나 코코아파우더 등을 뿌린다.

케이크 표면에 크림을 발라 구멍을 가린다.

Q5

케이크 바닥이
고무처럼 딱딱해요!

스펀지케이크가 보기 좋게 부풀어 안심했더니 이번에는 케이크 밑바닥이 고무처럼 딱딱해졌다?! 이럴 때는 달걀의 거품이 꺼지지 않았나 의심해 봐야 합니다. 달걀 거품을 낼 때 각 과정 사이에 시간이 떠버리면 나중에 거품이 꺼져버리기 쉬워요. 반죽을 틀에 부었다면 틈을 두지 말고 곧바로 오븐에 구워야 합니다.

또한 박력분을 넣을 때 반죽을 뭉개지 말고 자르듯이 섞는 것도 잊지 마시고요. 머랭을 사용하는 반죽의 경우에도 너무 많이 저어 거품이 꺼지지 않도록 주걱을 세워 자르듯이 섞어줍니다.

반죽은 속도가 생명

달걀 거품을 내면 지체하지 말고 곧바로 가루를 섞는다.

반죽을 틀에 부으면 곧장 오븐으로 향한다.

Q 6

케이크에
덜 익은 부분이 있어요!

반죽을 틀에 부은 다음 두께가 일정한지 꼭 확인해야 합니다. 두께가 다르면 케이크가 고르게 익지 않기 때문이죠.

단순히 굽는 시간이 부족했을 가능성도 있습니다. 오븐의 종류에 따라 굽는 정도에 차이가 날 수 있으므로 정해진 시간 내에 케이크가 완전히 익지 않을 수도 있지요. 일단 케이크의 상태를 지켜보면서 1~2분 정도 굽는 시간을 늘려보세요.

또한 반죽에 덩어리가 남아 있을 때에도 케이크가 고르게 익지 않습니다. 박력분과 같은 가루 종류는 체에 쳐서 넣어 반죽 전체에 골고루 섞이도록 합니다.

케이크를 고르게 익히는 방법

가루 종류는 뭉치지 않도록 체에 쳐서 넣는다.

반죽을 틀에 부은 다음 실리콘 주걱이나 스크레이퍼를 이용해 두께를 고르게 다듬는다.

Q 7

시간이 지나면
케이크가 줄어들어요!

갓 구웠을 때는 보기 좋게 부풀었던 케이크가 식으면서 줄어드는 경우가 있습니다. 이는 케이크를 충분히 굽지 않았을 때 일어나는 대표적인 현상이에요. 오븐의 종류에 따라 굽는 시간이 달라지므로 정해진 시간만으로 충분하지 않을 때가 있습니다. 굽는 시간을 1~2분 정도 늘려가며 케이크의 상태를 확인하세요.

또한 달걀 거품이 부족할 때도 케이크가 줄어들기 쉽습니다. 거품을 단단하게 내서 가루를 섞은 뒤에도 거품이 꺼지지 않도록 주의합니다.

달걀 거품이 좋지 못한 반죽

거품의 결이 거칠면, 케이크를 구웠을 때 잠시 부풀 수 있지만 시간이 지날수록 쪼그라들 가능성이 크다.

적당한 달걀 거품

핸드믹서로 들어올렸을 때 반죽이 서서히 떨어져 쌓일 때까지 거품을 낸다.

Q 8

시트에서 종이가 깨끗
하게 벗겨지지 않아요!

케이크를 너무 오래 굽거나 반대로 덜 구우면 케이크에 붙은 오븐페이퍼가 깨끗하게 벗겨지지 않을 수 있습니다. 오븐의 종류에 따라 굽는 시간이 차이가 날 수 있으므로 사용하는 오븐에 맞춰 적당하게 시간을 조절하세요.

Q 9

케이크를 말 때
내용물이 삐져나와요!

직접 케이크를 만들다 보면 크림이나 다른 재료의 양이 많아지기 쉽습니다. 그러면 결국 케이크를 말 때 옆으로 모두 삐져나오고 말지요. 만약 양을 적게 사용했는데도 옆으로 삐져나온다면 크림이 너무 부드러운 탓일 수도 있습니다. 특히 생크림은 거품을 낸 다음 곧바로 냉장고에 넣어 차게 하지 않으면 부드러워지므로 주의하세요.

생크림의 굳기

케이크 시트에 바를 생크림은 거품기로 들어올렸을 때 뿔이 생길 정도의 7~80% 굳기로 휘핑한다.

Q 10

둥글게 말려고 하면
케이크가 자꾸 갈라져요!

케이크가 갈라지는 가장 큰 원인은 케이크가 너무 딱딱하기 때문이에요. 가루를 넣은 뒤 너무 많이 저어서 달걀 거품이 꺼진 것은 아닌지, 아니면 케이크를 너무 오래 굽지 않았는지 확인해보세요.

스펀지케이크가 딱딱해졌을 때는 케이크에 바르는 시럽의 양을 늘려보세요. 수분이 들어가면 스펀지케이크가 부드러워져 쉽게 갈라지지 않습니다.

케이크가 너무 딱딱하다 싶으면 롤케이크를 만드는 것을 과감하게 포기하고 이를 티라미수 등에 사용하는 것이 낫습니다(P88 참조). 무리해서 롤케이크를 만들기보다는 다른 케이크로 바꿔보세요.

케이크가 살짝 갈라졌을 때는 슈거파우더나 코코아파우더 등을 뿌려 가려보세요. 생각보다 많이 갈라졌을 때는 케이크 표면에 크림을 두껍게 바르면 감출 수 있습니다.

케이크가 딱딱할 때

케이크에 시럽을 듬뿍 바르면 갈라지는 것을 막을 수 있다.

Q 11

장식이 예쁘게
되지 않아요!

롤케이크 표면에 크림을 매끄럽게 바르는 것은 상당히 수준 높은 기술이에요. 이 책에서는 초보자도 큰 어려움 없이 간단하게 크림을 바르는 방법을 소개하고 있습니다.

참고로 장식용 크림은 케이크 안에 바르는 크림보다 좀 더 부드럽게 만들면 바르기 쉬워요. 생크림의 경우 케이크 안에 바르는 크림은 완전히 단단하게 거품을 내고, 케이크 겉에 바르는 장식용 크림은 들어올렸을 때 90도 정도로 휘어질 정도로만 휘핑하세요.

간단한 데커레이션

스패출러로 자국이 자연스럽게 남도록 거칠게 바른다.

초콜릿크림 등은 실리콘 주걱으로 떨어뜨리기만 해도 그럴싸한 느낌을 준다.

스패출러로 가볍게 두드리듯이 크림 끝을 뾰족하게 세운다.

Q 12

케이크는 얼마나
보관할 수 있나요?

롤케이크는 냉장고에 보관하면 보통 2~3일 동안은 충분히 먹을 수 있습니다. 케이크를 만들어 바로 먹지 못하는 경우에는 냉동실에 1개월 정도 보관할 수도 있지요. 먹을 때는 냉장실에 넣어 자연 해동시키면 됩니다.

그러나 생과일을 사용한 케이크는 해동시켰을 때 물기가 많아질 수 있으므로 가급적 냉동시키지 말고 바로 먹는 편이 좋습니다. 커스터드크림이 들어간 케이크도 촉감이 나빠질 수 있고, 찹쌀떡을 넣은 케이크는 딱딱해지므로 피하는 것이 좋습니다.

냉동보관 방법

롤케이크를 통째로 냉동할 수도 있지만, 적당한 크기로 잘라 냉동하면 한 조각씩 해동할 수 있어 편리하다.

① 공기와 접촉하면 맛이 떨어지므로 랩으로 빈틈없이 싼다.

② 랩으로 싼 케이크를 다시 냉동용 비닐백에 넣고 공기를 빼 밀봉한다.

스펀지케이크로 만드는
색다른 디저트

스펀지케이크가 너무 딱딱하게 구워졌을 때, 실수로 구멍이 숭숭 뚫렸을 때, 틀에서 꺼내다가 그만 찢어져버렸을 때, 냉동했더니 퍼석퍼석해졌을 때! 이럴 때에는 굳이 롤 케이크를 만들려고 애쓰지 말고 색다른 디저트에 도전해 보세요.

베리 디플로매트

프랑스풍의 빵 푸딩입니다. 본고장인 프랑스에서는 딱딱해진 브리오슈 나 크루아상 또는 남은 스펀지케이크 등을 사용하기도 하지요. 새콤달 콤한 베리로 예쁘게 장식도 넣어주세요.

만들기

1. 볼에 달걀과 그래뉴당을 넣고 거품 기로 저어 골고루 섞는다.

2. 사람의 체온과 비슷한 정도로 우유 를 데워 부은 다음 잘 섞는다.

3. 버터(분량 외)를 얇게 바른 오븐용 그릇에 적당한 크기로 찢은 스펀지케이크 와 베리를 넣고 **2**를 붓는다.

4. 160℃의 오븐에서 20분 정도 굽는다.

재료(2인분)

스펀지 시트 ································ $\frac{1}{2}$ 장
달걀 ································ 1개
그래뉴당 ································ 20g
우유 ································ 110ml
라즈베리, 블루베리 ········· 각 10알씩

* 베리 종류 대신 남은 과일 통조림이나 바나나를 사용해도 된다.

부드러운 티라미수

티라미수를 만드는 방법은 다양하지만,
이 책에서는 마스카포네 치즈에 머랭을 섞은 레시피를 소개합니다.
혀끝을 맴도는 부드러운 감촉과 치즈의 진한 맛과 향을 느낄 수 있습니다.

3. 다른 볼에 달걀흰자와 백설탕을 넣고 핸드믹서로 저어 단단한 머랭을 만든다. 만들어진 머랭을 2에 두 번에 나눠 넣은 후 실리콘 주걱으로 자르듯이 크게 저어 섞는다.

4. 에스프레소 커피를 내리고(없을 경우에는 일반 커피를 진하게 내린다) 여기에 깔루아를 섞은 다음 식힌다.

5. 그릇에 3의 크림을 담고 3~4cm 크기로 네모나게 자른 스펀지 시트를 올린 다음 브러시로 스펀지 시트에 커피를 듬뿍 바른다. 이 과정을 여러 번 반복한 후 마지막에 크림을 올리고 냉장고에 1시간 정도 넣어 차게 식힌다. 먹기 전에 코코아파우더를 분당체로 솔솔 뿌린다.

재료(2~3인분)

스펀지 시트	$\frac{1}{2}$장
┌ 달걀노른자	1개분
└ 백설탕	10g
마스카포네 치즈	125g
┌ 달걀흰자	1개분
└ 백설탕	20g
에스프레소 커피(만들기 쉬운 분량)	
	100ml
깔루아	1큰술
코코아파우더	적당량

만들기

1. 볼에 달걀노른자와 백설탕을 넣고 흰색에 가까워질 때까지 거품기로 섞는다.

2. 마스카포네 치즈를 여러 번 나눠 넣고 덩어리가 생기지 않도록 잘 젓는다.

시나몬 러스크

스펀지 시트에 그래뉴당과
시나몬 파우더를 묻혀 굽기만 하면 됩니다.
취향에 따라 단맛을 조절할 수 있습니다.

재료(2~3인분)
스펀지 시트 ···························· 1장
그래뉴당, 시나몬 파우더 ······· 적당량

만들기

1. 스펀지 시트를 적당한 크기로 자른다. 쿠키커터 등을 이용해 원하는 모양을 만들어도 된다.

2. 그래뉴당을 양면에 묻힌 다음 오븐페이퍼를 깐 오븐팬에 가지런히 놓는다. 시나몬 파우더를 뿌린 다음 150℃로 예열한 오븐에 넣고 바삭바삭해질 때까지 약 20분간 굽는다.

망고 요구르트 아이스케이크

환상의 콤비인 망고와 요구르트를 넣은 산뜻한 맛의 아이스케이크입니다.
얼린 망고가 걸쭉해질 때까지 잘 섞어주세요.

재료(2~3인분)
스펀지 시트 ···························· 1장
망고 ································· 75g
바닐라 아이스크림 ··············· 100g
요구르트, 벌꿀 ··················· 45g씩
장식용 망고, 민트 잎 ············ 적당량

만들기

1. 망고는 1.5cm 정도 크기로 깍뚝썰기 한 다음 냉동용 비닐백에 넣어 반 냉동시킨다.

2. 핸드 블렌더를 이용해 요구르트와 벌꿀, 망고를 섞는다. 망고가 걸쭉해지면 바닐라 아이스크림을 넣어 함께 섞는다.

3. 볼에 2와 3~4cm 크기로 자른 스펀지 시트를 번갈아가며 겹겹이 쌓은 다음 냉동실에서 완전히 얼린다. 먹기 전에 망고와 민트 잎으로 장식한다.

머랭 쿠키

입안에서 살살 녹는 머랭 쿠키.
남은 생크림을 찍어 먹으면 더욱 맛있죠.

재료

달걀흰자	1개분
슈거파우더	40g
그래뉴당	10g

만들기

1. 볼에 달걀흰자를 넣고 슈거파우더를 조금씩 넣어가며 핸드믹서로 단단한 머랭을 만든다.

2. 단단하고 윤기 있는 머랭이 완성되면 핸드믹서를 끄고 그래뉴당을 분당체에 쳐서 넣는다. 실리콘 주걱으로 크게 자르듯이 섞어준다.

3. 짤주머니에 원하는 모양의 깍지를 끼운 다음 **2**를 넣고 실리콘페이퍼를 깐 오븐팬 위에 짠다.

＊ 지름 1cm 별 모양 깍지를 사용.

4. 130℃의 오븐에 약 30~40분간 굽는다. 다 구워지면 오븐팬 위에 그대로 둔 채로 식힌다.

＊ 머랭 쿠키는 쉽게 눅눅해지므로 건조제와 함께 밀폐용기에 담아 보관한다.

앙글레즈 소스

부드러운 맛과 아름다운 색을 지닌 앙글레즈 소스.
롤케이크에 곁들이면 고급스러운 분위기를 낼 수 있어요.

재료

달걀노른자	1개분
백설탕	20g
우유	120ml
바닐라 에센스	약간
키르슈	1작은술

만들기

1. 볼에 달걀노른자와 백설탕을 넣고 흰색에 가까워질 때까지 거품기로 젓는다.

2. 냄비에 우유를 넣고 끓기 직전까지 가열한다. 우유의 절반을 **1**의 볼에 붓고 재빨리 저어 섞은 다음 냄비에 다시 붓는다.

3. 불을 약하게 해서 나무주걱으로 계속 저어가며 걸쭉해질 때까지 가열한다. 나무 주걱으로 소스를 뜬 다음 손가락으로 밀었을 때 자국이 남을 정도가 되면 불을 끈다.

4. 체에 거른 바닐라 에센스와 키르슈를 넣고 식으면 냉장고에 넣어 차갑게 한다.

앙증맞은 손바닥 롤케이크에 어울리는
간단 포장법

상자에 담아 포장하기

조각으로
포장

속이 들여다보이는
마카롱 박스를 이용하자

베이킹 전문점이나 포장 전문점에서 마카롱을 담을 수 있는 동그란 창이 달린 상자를 구입할 수 있습니다. 조그만 손바닥 롤케이크를 잘라 한 조각씩 넣으면 딱 맞는 사이즈죠. 상자 안에 칸막이가 있어서 들고 다녀도 케이크가 흔들리거나 찌그러지는 일이 없어 더욱 좋습니다.

W R A P P I N G

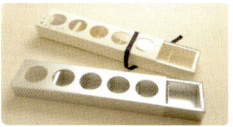

① 롤케이크의 지름이 마카롱 박스의 칸보다 작은지 미리 확인하자. 과일을 넣어 만든 케이크는 두께가 상당해 박스에 넣기 어려울 수 있다. 될 수 있으면 라즈베리 잼 롤처럼 두께가 얇은 케이크를 선택하자.

② 박스의 높이에 맞춰 롤케이크를 자른다. 작게 자른 셀로판지를 케이크의 잘린 면에 붙여 하나씩 박스 안에 넣는다.

케이크 전용 박스를 이용하자

장식이 들어간 롤케이크는 일반 롤케이크 상자를 선택하세요. 케이크가 찌그러지는 일이 없어 안심하고 사용할 수 있습니다.

상자 안에 왁스페이퍼를 깔고 케이크를 담는다. 왁스페이퍼는 케이크와 잘 어울리는 색상을 선택하자.

W R A P P I N G

통째로
포장

이 책에서 소개하는 롤케이크는 길이가 13cm밖에 되지 않는 손바닥 크기의 롤케이크입니다.
선물할 때도 케이크의 크기를 살려 더 귀엽고 깜찍한 포장법을 선택하면 좋겠죠?
작은 노력만으로도 얼마든지 심플하고 세련된 포장을 할 수 있답니다.
상자나 봉투를 이용해 보기에도 먹음직스러운 케이크를 선물해 보세요.

포장지로 말아서 포장하기

통째로
포장

고급스러운 캔디 모양으로 포장하자

가장 대표적인 롤케이크 포장법입니다. 화려한 포장지를 사용해 귀엽고 깜찍한 분위기를 내는 것보다 좀 더 고급스러운 느낌을 주고 싶을 때는 이 방법을 사용해 보세요. 무늬가 들어간 반투명 포장지와 가는 은색 리본을 이용해 우아한 분위기를 연출할 수 있습니다.

① 롤케이크에 셀로판지를 만 다음 포장지로 싸고 양쪽 끝을 꼬아 캔디 모양을 만든다.

② 리본을 한쪽 끝에 묶은 다음 여러 번 꼬아 반대쪽에 연결한다.

종이 냅킨으로 한 조각씩 포장하자

부드러운 종이 냅킨을 사용하면 작은 케이크도 예쁘게 포장할 수 있습니다. 냅킨 무늬와 어울리는 리본을 선택하는 것이 포인트입니다.

조각 케이크를 투명 셀로판지로 싼 다음 종이 냅킨으로 포장한다. 가는 리본으로 묶고 끝은 조금 길게 뺀다.

조각으로
포장

봉투에 담아 포장하기

조각으로 포장

색색가지 컵에 담아 연결해 보자

한 조각씩 자른 케이크는 베이킹용 실리콘 컵이나 종이컵에 쏙 들어가는 사이즈입니다. 색색가지 컵을 투명 셀로판 봉투에 담아 리본으로 연결하면 색다른 분위기를 연출할 수 있습니다. 투명 셀로판 봉투는 속이 그대로 들여다보이므로 가급적이면 두세 가지 케이크를 만들어 넣으면 좋겠죠.

① 알맞은 크기로 자른 케이크를 컵에 담아 셀로판 봉투에 넣는다. 봉투의 입구를 바싹 오므려 테이프로 고정시킨다.

② 테이프를 붙인 자리에 펀치로 구멍을 뚫고 리본을 통과시켜 컵을 연결한다.

시크한 분위기의 봉투에 담기만 하면 완성

봉투에 롤케이크를 통째로 담고 리본을 묶으면 바로 완성됩니다. 리본을 묶을 때 주름이 예쁘게 잡히도록 큼직한 사이즈의 봉투에 넣는 것이 좋습니다.

셀로판지로 돌돌 말아 포장한 롤케이크를 봉투에 옆으로 눕혀 넣고, 봉투를 반 접어 여민다. 중앙에 리본을 한 바퀴 감아 느슨하게 나비 모양으로 매고 주름을 정돈한다.

통째로 포장

통째로
포장

종이 트레이를 이용한 세련된 포장

시중에 판매하는 종이 트레이를 이용한
간단한 포장법입니다. 코코아 시트에 어
울리는 연두색 초핑지로 남는 공간을 메
워줍니다. 리본을 약간 한쪽으로 치우치
게 묶으면 세련된 느낌을 줄 수 있어요.

① 셀로판 봉투 아래의 양끝을 안쪽
으로 접어 테이프로 고정해 밑면을
만든다.

② 셀로판지로 싼 롤케이크를 트레
이에 담고 초핑지를 채워 봉투 안에
넣는다.

③ 봉투의 약간 오른쪽에 리본을 십
자로 묶어 나비 리본을 만든다.

내추럴한 반투명 봉투에 담자

내추럴한 무늬의 반투명 봉투에 롤케이크
두 조각을 담았습니다. 내용물이 희미하
게 보여 케이크에 대한 호기심과 기대감
을 높이는 포장 방법입니다.

롤케이크 조각을 큼직한 봉투에
넣고 입구를 접은 다음 양쪽 끝
을 삼각형 모양으로 접는다.

조각으로
포장

95

저자
야나세 구미코(柳瀬久美子)

푸드코디네이터. 베이커리·레스토랑에 근무한 후 프랑스로 건너가, 파리의 제과·요리학교인 리츠 에스코피에에서 디플롬을 취득했다. 프랑스 가정 제과·요리를 마스터하고 일본으로 돌아가 푸드코디네이터로 독립했다. 광고 푸드코디네이터, 기업 메뉴 개발, 제과 제빵 교실 주최 등 폭넓은 분야에서 활동 중. 저서로는 〈과자의 인생〉, 〈집에서 만들 수 있는 귀여운 과자〉, 〈가장 배우고 싶은 빵 과자 40〉 등이 있다. http://www.k-yanase.com/

역자
황세정

이화여자대학교 식품영양학과를 졸업했으며 동 대학 통역번역대학원 일본어 번역과 석사를 취득했다. 현재 엔터스코리아 출판기획 및 일본어 전문 번역가로 활동 중이다. 주요 역서로는 〈나사 하나로 세계를 정복하다〉, 〈아시아력〉, 〈모나리자는 왜 루브르에 있을까〉, 〈화장의 마법〉, 〈두근두근 일본여행 시리즈〉 등이 있다.

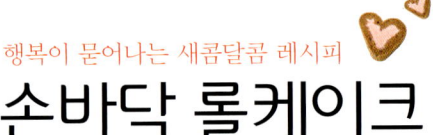

행복이 묻어나는 새콤달콤 레시피

손바닥 롤케이크

1판 1쇄 인쇄 2015년 12월 10일
1판 1쇄 발행 2015년 12월 23일

저　　자 | 야나세 구미코
역　　자 | 황세정
출　　력 | 카이로스
인　　쇄 | 도담프린팅

발 행 인 | 손호성
펴 낸 곳 | 봄봄스쿨

일 원 화 | 북센

등　　록 | 제 312-2008-000012호
주　　소 | 서울시 마포구 동교동 169-17 402호
전　　화 | 070.7535.2958
팩　　스 | 0505.220.2958
e-mail | atmark@argo9.com
Home page | http://www.argo9.com

ISBN 979-11-5895-013-2 13590